AF331493

MÉMOIRES

SUR

L'ÉDUCATION

DES

VERS A SOIE.

TROISIÈME MÉMOIRE.

De l'Éducation proprement dite des Vers à foie, depuis leur naiffance jufqu'à la grande Freze exclufivement.

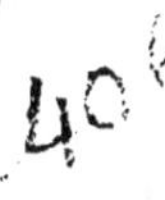

MÉMOIRES

SUR L'ÉDUCATION

DES VERS A SOIE.

TROISIÉME MÉMOIRE

*Qui comprend ce qui a rapport au cin-
quième & dernier âge du Vers à soie
& à son état de Chrysalide & de
Papillon.*

E traiterai séparément au
commencement de ce Mé-
moire ce qui reste à dire.
1°. Sur l'Attelier des Vers
à soie,

2°. Sur la feuille dont ils se nourrissent : ce qui feroit deux digressions
trop longues, pour les placer à la suite,
ou dans le cours de nos opérations ,

III. Partie　　　　　　　　A

& de nos âges, dont elles feroient perdre le fil, ou la liaifon.

Dans un troifième article, je reprendrai les Vers à foie gouvernés dans ce dernier âge, felon les bonnes régles & dans les circonftances propres à les faire réuffir : ce qui comprendra 1°. La grande freze. 2°. La montée. 3°. La Fabrique, ou le filage du cocon, à quoi j'ajouterai ce qui regarde la naiffance & la ponte des Papillons.

L'Attelier ou le logement des Vers à foie.

Le logement que les Vers à foie occupent dans leur dernier âge, contribue beaucoup à leur entiere réuffite : c'eft principalement en vûe de ce dernier tems de leur vie, qu'on conftruit de nouveaux Bâtimens, ou qu'on choifit les piéces les plus propres à cet ufage, dans ceux qui font déjà faites.

Un Magnaguier jaloux de fa réputation n'entreprend point une éducation, fans avoir examiné d'avance, s'il ne trouvera point d'obftacles trop difficiles

MÉMOIRES
SUR
L'ÉDUCATION
DES
VERS A SOIE.

Par M^r. l'Abbé *BOISSIER DE SAUVAGES*, de la Société-Royale des Sciences de Montpellier; de l'Académie Impériale Physico-Botanique & de celle des George-Fili de Florence.

Divisés en trois Parties, avec un Traité sur la Culture des Mûriers, & un sur l'origine du Miel.

TROISIEME MEMOIRE.

A NISMES,
Chez *GAUDE*, Libraire.

M. DCC. LXIII.
Avec Approbation & Privilége de l'Académie.

Quelques Auteurs ajoutent à ces précautions celle d'éloigner de l'attelier
les bruits incommodes des ferruriers,
des Tambours, des Cloches & jufqu'à
celui du chant des coqs : mais ce font
de ces obfervances vaines qui n'ont
aucun fondement & que les gens fen-
fés méprifent ; les Vers à foie ne
paroiffent pas du tout fufceptibles de
pareilles impreffions dans aucun tems ;
pas même à la montée, comme nous
le prouverons ailleurs.

Les expofitions les plus heureufes
font celles du haut d'une bute, d'une
Tertre, d'une Colline, où l'air eft plus
frais, plus fec, & plus agité, & les
brouillards moins fréquens ; le moindre fouffle les diffipe & les empêche
de nuire. Heureux les Magnaguiers
qui habitent les Montagnes ! leur bétail y eft communément robufte &
exempt de maladies ; la fraîcheur &
la falubrité de l'air remédient aux
inattentions, à bien des fautes qu'on
peut commettre, & à ce qu'il peut
y avoir de défectueux dans la conftruction de leur attelier.

A 3

Ceux qu'on se propose de bâtir à neuf, peuvent l'être sur des plans, des dimensions, & des desseins différens : si c'est un quarré-long, comme il est plus ordinaire, il est mieux de diriger les deux bouts, où sont les murs de pignon, du Midy au Nord & de faire une maçonnerie épaisse pour se garantir d'avantage de la chaleur, principalement du côté du Couchant à moins qu'il ne soit ombragé par quelque bâtiment voisin.

On doit ordinairement s'interdire toute ouverture de ce côté & n'en pratiquer, si tant est qu'il le faille, que dans les autres expositions. Je ne blâme point l'usage où l'on est de faire des fenêtres, qui percent du Midy au Nord, & même sur le mur de face au Levant ; on feroit très-bien cependant de s'en tenir à celles qui sont absolument nécessaires pour donner du jour aux ouvriers, lorsque, pour éviter une petite dépense, on ne veut pas travailler aux lumieres, & il voudroit encore mieux faire cette dépense & retrancher entierement les fenêtres,

à furmonter dans l'expofition & dans la conftruction de l'attelier qu'on lui deftine : parce qu'on ne peut parer aux inconvéniens qui réfultent d'une mauvaife expofition, ou d'une conftruction mal-entendue, que par beaucoup d'habileté & une vigilance & des attentions continuelles : au lieu qu'avec une médiocre capacité & des foins ordinaires on a des fuccès, lorfqu'on eft aidé d'un bon attelier.

J'en ai vû quelqu'un de cette efpéce, où les Vers à foie ont réuffi conftamment fous différens Magnaguiers, qui avoient échoué ailleurs ; quoique leurs couvées & le commencement de l'éducation euffent été faites felon les régles de l'art.

Lorfqu'on eft le maître de choifir l'emplacement pour un attelier, on doit chercher de mettre le bétail qui doit l'habiter, à l'abri d'un air, ou ftagnant, ou humide & de la chaleur du Soleil ou de l'Athmofphère. On évite pour cet effet :

De l'expofition de l'Attelier.

1°. Les fonds, les valons & les plaines peu ouvertes : les exhalaifons qui

s'en élevent y croupiſſant, l'air retient
plus long-tems ſes mauvaiſes qualités,
que ſur les élévations plus expoſées aux
Vents.

2°. On s'éloigne autant qu'on le
peut , des Etangs, des Marais , des
Rivières dont le cours eſt lent & tran-
quille , & qui rendent l'air très humide , par les brouillards qui y ſéjour-
nent. Le voiſinage des Bois , des Forêts , n'eſt pas moins à craindre , par
les vapeurs qui s'en exhalent dans les
tems calmes & couverts , où les Végétaux tranſpirent plus abondamment;
il n'eſt guere poſſible de réuſſir dans ces
endroits , qu'en faiſant de bons-feux
& même de la flamme , ſi le brouillard
ſe préſente & en bouchant en même-
tems à l'air extérieur toutes les ave-
nues qui ſeroient par côté.

3°. Il faut enfin éviter les expoſitions trop chaudes , telles que celle du
pié d'un rocher, ou d'une Colline tournée au Couchant, ou au Midi : la chaleur
réfléchie fait de ces endroits tout autant de fournaiſes , où les Vers à ſoie
ont peine à tenir.

reſte de ce logement, ce que nous avons dit ailleurs au ſujet de l'étuve, j'ajouterai cependant que quand même cette petite piéce ſeroit au rez-de-chauſſée, on la rendroit fort ſaine au moyen d'un bon feu : j'en ai la preuve dans une étuve qui étoit cinq ou ſix pieds en terre, où les jeunes vers réuſſiſſoient très-bien & bravoient l'humidité, par la chaleur qu'on leur procuroit.

La grande piéce du premier, attenante à la petite, doit avoir ſous le faîte environ trois toiſes & demi d'élévation, plus ou moins, ſelon que le Pays eſt froid, ou qu'il eſt ſujet à de fortes chaleurs ; dans ces derniers, on ne ſçauroit donner trop de hauteur au bâtiment, il y a moins de précautions à prendre pour garantir les Vers à ſoie de tout accident aux derniers âges dans les appartemens exhauſſés : auſſi réuſſiſſent-ils mieux, toutes choſes égales, dans les grandes ſalles des Châteaux antiques, élevées ou ſpacieuſes comme des halles ; la chaleur des Étés brûlans s'y fait à peine

fentir à travers des murs épais & percés de peu de fenêtres, ou plutôt d'é-
troites lucarnes dans une expofition ou
un climat froid, on réufiroit également bien avec un appartement plus
bas, qu'on pourroit par cela même,
rechauffer plus aifément.

Des échappées au haut de l'attelier. Quelque élévation intérieure qu'ait
l'attelier, il faut des ouvertures pour
laiffer échapper l'air, la chaleur & la
fumée. L'endroit le plus propre pour
les pratiquer, eft le haut du toît ou du
mur ; en laiffent au haut du toît, une
bande de tuiles à claire-voie (a) large
d'un ou deux pieds, tout le long du
comble ; tandis que le refte de la
couverture eft bouché, ou par un
lambris de claïes de rofeaux, ou avec
la tuile noyée dans le mortier.

(a) Les tuiles des Provinces Méridionales,
toutes faites en goutiere, font toujours à
claire-voie, fur la couverture : c'eft-à-dire,
qu'elles laiffent de grands vuides & de larges joints entre elles, par leur fimple pofi-
tion, ou en y faifant autre chofe que de les
pofer fur les chevrons : tout eft bien bouché au contraire, avec la tuile platte des Provinces du Nord du Royaume.

ou au moins tenir toujours le petit nombre qu'on y laiſſe bien fermé pendant la ſaiſon des Vers ; on ſe rend plus maître de leur donner une température convenable, lorſqu'il y a quelque choſe à appréhender de celle du dehors, & dans des expoſitions défavorables : on ſe garantit mieux encore par ce moyen, des vents toujours incommodes, ſouvent nuiſibles, lorſqu'ils viennent de côté & qu'ils ſont ou brûlans, ou humides : les ouvertures, dont je parlerai dans peu, qu'on laiſſe au haut & au bas du bâtiment ; ſuppléent à tout & ſont préférables à tous égards.

Venons à la diſtribution intérieure de l'attelier ; elle conſiſte en un rez-de-chauſſée & un ſeul étage diviſé en une grande & une petite piéce. Le rez-de-chauſſée doit ſervir de magaſin, ou d'entrepôt de la feuille, dans les derniers âges [où il en faut une bonne proviſion] pour l'y tenir fraîchement & l'empêcher de ſe flétrir ; il n'y faut d'autres ouvertures par les côtés que celle de la porte tournée au

Diſtribution intérieure.

Levant ou au Nord & qu'on tient ordinairement fermée.

La fraîcheur qui regne par ce moyen
dans ce rez-de-chauffée , fert à plus
d'un ufage , on s'y tient comme en
entrepôt pour s'en fervir , lorfqu'il
furvient de fortes chaleurs : on laiffe
à la voute des foupiraux qu'on bouche , ou qu'on ouvre, en tout, ou en
partie , felon le befoin , c'eft par-là
qu'on peut rafraîchir beaucoup mieux
l'appartement de deffus , y renouveller l'air , établir des courans de bas
en haut au moyen du feu & chaffer
vers le haut les vapeurs , la chaleur
étouffée & tout ce qui peut nuire à
la falubrité de l'air.

C'eft dans l'étage fupérieur qu'on
loge les Vers à foie. Occupant peu
d'efpace pendant leur jeuneffe ils ont
befoin d'une piéce ou d'un retranche-
ment plus refferré, comme nous l'avons
déjà vû ; l'endroit le plus convenable
pour le placer, ou le conftruire, eft
le bout du bâtiment, qui tourne au
Midi , avec une fenêtre percée du
même côté : on peut confulter fur le

& de l'unir aſſez bien , pour que les petites ongles de ces animaux ne puiſſent s'y accrocher qu'avec peine.

Peu de perſonnes ſont en état de faire la dépenſe d'un grand bâtiment, ou n'ont pas une aſſez grande partie de feuille pour entreprendre une éducation conſidérable ; on doit alors s'en tenir, ſans contredit, aux logemens tels qu'on les a, ſans même y avoir de regret ; car l'ambition en ceci, eſt ſouvent punie & les petites entrepriſes ſont communément celles, qui portent un profit plus certain : on ſera plus à portée d'après le modéle d'attelier que nous venons de décrire, de faire un choix entre les différentes piéces d'une maiſon ; ou de les approprier à cette éducation, s'il ne s'agit d'y faire que de legers changemens.

Il faudroit ſe rappeller, pour mieux faire ce choix, les principes que nous avons déjà établis, ou s'en rapprocher autant qu'il eſt poſſible : on réuſſit de bien des façons & dans bien des ſortes de logemens ; mais j'ai toujours remarqué, que pour ces réuſſites, on

mettoit fon bétail à l'abri du vent ,
de l'humidité & de la chaleur de
l'Athmofphère.

Pour fixer d'avantage fur cela les
idées, en faifant quelques applications ,
on peut dire qu'en général dans les
pays de plaine , les greniers font peu
propres à loger les Vers à foie, fi la couverture en eft baffe, ou bien , en ap-
pentis ; & fi en même-tems , l'appen-
tis tourne vers le couchant ou le Midi,
on y étouffe de chaleur.

Les rez-de-chauffée font ordinairement humides & font peu convenables
pour les Vers à foie , à moins qu'ils
ne foient conftruits fur le modéle de
la petite étuve dont nous avons parlé à la fin du premier Mémoire , &
où le feu qu'on feroit aux jeunes Vers ,
remédieroit à l'humidité même d'un
fouterrain : autrement, ces piéces ne
font bonnes que pour y garder la
feuille ; fur-tout , fi elles font tournées au Nord , fi elles font voutées &
que la voute en foit baffe , j'ai vû perir
plufieurs années de fuite des Vers à
foie fous une voute de cette efpéce ,

où

Si l'on a des raiſons pour boucher, ou pour lambriſſer la couverture en entier, on ſupplée aux claires-voies, en pratiquant au haut du mur de pignon deux ou trois lucarnes, d'un pié & demi de hauteur & de quatre pouces de largeur (avec embraſure) ; & tout autant au mur de face, qui tourne au Levant.

Pourvû que la couverture ſoit éloignée d'environ deux toiſes de la plus haute table, le vent qui paſſeroit à travers ces lucarnes ne parviendra pas juſqu'aux Vers ou ceux-ci ne riſqueront pas d'en être incommodés. Si la hauteur eſt moindre ; il y a un bon moyen de ſe garantir du vent, ſans nuire à l'échappement qu'on a en vue ; il n'y a qu'à conſtruire ces lucarnes en abat-jour, de façon cependant, qu'elles plongent en bas, de dedans en dehors & que l'embraſure, s'il y en a, tourne en-dedans : dans ce dernier cas, on donne aux lucarnes quatre pouces de hauteur verticale en dehors & un pié & demi de longueur horiſontale : ces dernieres ouvertures

préférables à toute autre, ne donnent paſſage ni au Soleil, ni à la lu-
miere ; le vent qui ſouffleroit, même
horiſontalement, viendroit s'y briſer
contre & ne ſçauroit les enfiler, ni
parvenir juſqu'aux Vers ; tandis que
la fumée & la chaleur du dedans, auroient en-dehors une libre iſſue. (*b*)
C'eſt à-peu-près de cette façon que les
abat-vent, qui couvrent les ouies des
cloches, empêchent la pluye d'y entrer & laiſſent au ſon un paſſage libre,
en le rabattant de haut en bas.

Il reſte à donner au bâtiment une
derniere façon pour le rendre plus inac-
ceſſible aux Rats ; c'eſt de faire deux
ou trois pieds d'enduit tout autour du
bas du mur, en-dedans & en-dehors

(*b*) Au défaut de figures propres à ces Mémoires, les Lecteurs qui ſeront à portée de
conſulter celles de l'Encyclopédie, pourront
ſe former une juſte idée de nos lucarnes,
dans le premier recueil des planches de ce
célébre ouvrage ; ſur la *coupe verticale de
l'étuve à mettre ſécher les pains de ſucre. Planche premiere de la ſucrerie & affinage du ſucre.
Figure premiere Lettre J. J.*

où l'on ne faifoit prefque pas de feu ; le-Magnaguier, qui ne fe doutoit pas du vice de fon logement, accufoit toujours quelque maligne influence de l'air.

Les piéces d'une maifon les plus favorables, qui ont d'ailleurs une hauteur fuffifante, font celles du premier, ou du fecond étage, & parmi celles-ci, il faut préférer celles qui tournent au Nord ; ou bien, celles qui font dans l'intérieur de la maifon & entourées : d'autres appartemens elles font féches & fraîches ; on y jouit, plus qu'ailleurs, de la température fi néceffaire aux derniers âges ; & fi les Vers y manquoient de chaleur, rien n'eft fi aifé que d'en produire au moyen du feu.

Lorfqu'on n'eft pas le maître de donner aux Vers à foie des derniers âges ces expofitions, qui contribuent à la fraîcheur de l'attelier, il eft d'autres moyens de fe procurer cet avantage, lorfque par exemple la porte ou une fenêtre du logement des Vers, donnent dans une enfilade de plufieurs chambrées, dans un galetas vafte & tourné

Des moyens de procurer de la fraîcheur aux Vers à foie

III. Partie　　　　　　　B

au Nord , dans une petite cour au milieu de hauts bâtimens qui bouchent
le foleil , ou bien une ruelle , un corridor , une montée étroite & obfcu-
re &c. Les ouvertures de l'attelier qui
aboutiffent dans des endroits pareils ,
font d'une grande reffource dans les
fortes chaleurs de la fin de Mai , ou
du commencement de Juin ; il en
vient un air frais (c) qui tempére
celui que les Vers à foie refpirent.

Après avoir choifi l'expofition , il
faut donner la préférence aux plus

(c) Il fe forme naturellement des courans
d'air , dans le tems le plus calme , entre une
place échauffée & un endroit ombragé , fi ce
dernier eft refferré des deux côtés dans une
affez grande longueur : c'eft ce que j'ai éprouvé bien des fois dans des Etés brûlans , lorfqu'au fort de la chaleur , je paffois d'une rue ,
où le Soleil dardoit , dans une ruelle étroite
& à l'ombre ; en entrant dans celle-ci , je fen-
tois un air frais qui avoit la douceur du zé-
phir , & qui augmentoit en force , à mefure
que j'avançois ; tandis que dans la partie de
la rue échauffée , qui ne répondoit pas à la
ruelle , tout étoit calme ; on n'y fentoit pas le
moindre fouffle.

[19]

grandes piéces, à celles dont le plancher, ou la couverture font le plus
exhauffées, de vrais galetas ; il n'importe que les murs foient crevaffés,
que les portes, les fenêtres, joignent
mal ; bien loin de-là, les Habitans des
Cévenes réuffiffent bien pour la plûpart
dans leurs chaumieres, ou dans leurs
mafures qui ne font rien moins que
bien calfeutrées ; le vent ne paffe point
à travers des fentes, ou de petites ouvertures ; il fe brife & perd fa force
contre le feuillage d'un arbre touffu :
& l'on eft bien à l'abri de la bife,
derrière une paliffade de charmille, ou
de ciprès, plantés près-à-près l'un de
l'autre & dont les branches fe touchent.

Il eft vrai que les Vers à foie de
ces mafures ne font pas entièrement à
l'abri du froid ; mais le froid qui arrive très-rarement dans les derniers
âges des Vers à foie, ne leur fait
d'autre tort que d'allonger leur vie, fi
l'on ne les en garantit ; il met d'ailleurs dans la néceffité de faire du feu ;
on en allume impunément fous un

toit à claire voie, ou fous un plancher percé en cent endroits & la chaleur du feu eft, comme nous l'avons
déjà dit, l'efprit vivifiant de nos Infectes.

On ne doit pas conclurre de ce que
je viens de dire, que les Vers à foie
ne puiffent quelquefois réuffir dans
des expofitions toutes différentes de
celles que je leur ai affignées ; c'eft ce
dont j'ai été témoin ; mais j'ai toujours
remarqué, que c'étoit dans une petite
éducation, ou dans une faifon favorable ; dans tout autre cas le Magnaguier
habile, déployoit toutes les reffources
de l'art & celles que fon expérience
pouvoient lui fournir, pour confer-
ver fon bétail dans un état de fanté.

Les Magnaguiers de cette efpéce
rendent, prefque toute forte d'appartemens propres à cette éducation en
ménageant la chaleur du feu, en ouvrant, ou en fermant à propos les
feules ouvertures dont on leur permet
de difpofer : j'en ai connu un entre
autres, qui avoit réuffi pendant trente
années, dans une piéce la plus dif-

graciée pour les Vers à foie où tous les autres avant lui avoient échoué.

Au furplus je n'ai donné ici que les régles les plus générales ; ces régles peuvent fouffrir des exceptions, qui naiffent fouvent de mille circonftances où le Magnaguier & fon bétail peuvent fe trouver.

De la feuille de mûrier, fes efpéces, fes qualités, relativement aux Vers à foie.

On a déjà vû ailleurs l'inutilité de recourir à la feuille d'autres arbres que celle du mûrier, pour nourrir les Vers à foie ; cet arbre-ci a toujours été fi bien affecté par l'auteur de la nature à notre chenille afiatique, qu'aucune autre efpece Européenne (a) n'a

(a) J'ai trouvé deux ou trois fois de très petits œufs de Chenille, qui avoient la couleur & les reflets de la Nacre & qui étoient appliqués fur des feuilles de mûrier : il en fortoit de petites Chenilles vêlues, qui mouroient dans peu, faute d'une nourriture convenable ; c'étoit une méprife du Papillon qui jamais tenté , que je fache , d'y toucher pour s'en nourrir ; nous en avons vû dans nos cantons , il y a vingt-cinq ou trente années, des eſſaims nombreux qui ravagerent nos Campagnes, en dépouillant entièrement de leurs feuilles différentes eſpéces d'arbres ; & qui reſpecterent conſtamment, ou plutôt dédaignerent la feuille de mûrier, cet arbre étranger deſtiné à des Chenilles d'un autre climat.

Nous avons dans la feuille de cet arbre une nourriture propre, à la vérité, à notre Inſecte, mais elle peut cependant lui être contraire dans certaines circonſtances, ou plutôt ſelon ſes différentes qualités. On a vû dans le précédent Mémoire, à quoi l'on devoit s'en tenir ſur la feuille de bourgeon, de regain, & celle qui a été jaunie par les petites gelées nous allons examiner les autres qualités de la

avoit pondu ces œufs ; les Inſectes & les autres animaux ſe conduiſent ordinairement par un inſtinct aſſez ſûr ; mais il y a d'autres exemples que celui-ci, par où l'on voit qu'il leur arrive de ſe tromper quelquefois.

feuille qui intéreſſent notre éducation & qui ſe prennent, ſoit des différentes eſpéces de mûrier, ſoit de l'altération que peuvent produire ſur les feuilles, le terroir où on les cueille, la chaleur qui les aura endommagées, enfin la pluie, la roſée & la miélée dont elles auront été mouillées.

Des différentes eſpéces de mûrier.

On ne cultive communément en Europe que deux eſpéces (a) proprement dites de mûrier, ſçavoir le blanc & le noir. La feuille du premier eſt liſſe, celle du noir eſt raboteuſe, ou rude au toucher ; toutes les autres prétendues eſpéces, de quelque couleur que ſoit leur fruit, quelque largeur, quelqu'épaiſſeur qu'on remarque dans la feuille, ne ſont que des variétés du

(a) Il en croît cinq ou ſix autres vraies eſpéces dont j'ai eu occaſion de voir quelqu'une dans les ſerres du Jardin du Roi à Paris & entre-autre l'eſpéce qui eſt épineuſe ; mais elles ne ſont guere connues en Europe que des Botaniſtes.

B 4

mûrier blanc , fur lequel la culture , le terroir , le climat , ont produit des altérations , ou des différences que la greffe perpétue ; mais qui rentrent dans la même efpéce de fauvageon , lorfqu'on vient à les multiplier de femence.

Du mû-
rier noir. Le mûrier noir qui donne une grof-fe mûre noire , qu'on mange & qu'on vend dans les villes , étoit autrefois plus commun en France & en Italie qu'il ne l'eft aujourd'hui & l'on en fai-foit plus de cas. Corfuccio qui éle-voit des Vers à foie à Rimini en 1580 , afsûre que les Vers à foie qu'on nourrit de feuille noire font plus vi-goureux & donnent plus de foie , que ceux qui l'ont été avec de la blanche. Laffémas qui écrivoit en France quel-ques années après , dit que la feuille de mûrier noir fe vendoit trois fois plus & que les gens expérimentés des environs d'Alais & d'Andufe , la pré-féroient de beaucoup à l'autre efpece.

On convient affez d'ailleurs que la feuille du mûrier noir produit une foie plus forte , plus denfe , plus pe-

fante ; c'eft ce qu'ont éprouvé entre
autres parmi les anciens , Corfuccio,
Malpighi & Olivier Serres ; c'eft à-peu-
près le jugement qu'en porterent , il
y a quelques années , les Fabriquans
du Dauphiné à qui feu M^r. le Nain
avoit envoyé de cette foie filée à Poi-
tier : ils difoient dans leur rapport que
» quoique la foie de cette efpéce fût
» moins fine, moins legére & moins
» brillante que l'autre ; elle étoit d'une
» bonne nature, aifée au dévidage,
» qu'elle avoit beaucoup de reffort &
» qu'enfin elle étoit propre pour tou-
» tes les étoffes façonnées.

Avec cela , le mûrier noir a un
grand avantage fur le blanc (je parle du blanc greffé) c'eft de durer
beaucoup plus : j'en ai vû quelques-
uns dans notre voifinage qui jouiffent
d'une vieilleffe faine & paffablement
vigoureufe & j'ai de bonnes raifons de
croire qu'ils font du commencement du
regne de Charles IX, c'eft-à-dire, qu'ils
font âgés d'environ deux cents ans :
(b) ceux des hautes Cévenes , où cette

____

(b) Un Citoyen refpectable , mort il y a

efpéce eft encore la plus commune , font à-peu-près de cet âge. Mais en revanche le mûrier noir eft plus long-tems à venir ; on le multiplie plus difficilement de greffe & de femence ; il donne moins de feuille ; en la cueillant , on s'écorche les mains à la longue , fi l'on n'a des gants & enfin elle pouffe dix à douze jours plus tard que celle du mûrier blanc.

Du mûrier blanc.

C'eft fans doute pour ces raifons , qu'on a préféré depuis long-tems ce dernier à l'autre. Quoique le mûrier blanc foit de courte durée & fujet à une maladie qui en détruit beaucoup de bonne-heure ; fa feuille eft cependant plus tendre , plus abondante , plus hâtive , & l'arbre vient beaucoup plutôt au moyen de la greffe. On ne plante aujourd'hui & on ne cultive ,

plus de quarante ans , âgé de quatre-vingt quatre , à qui ces arbres appartenoient, difoit qu'ils lui avoient toujours paru auffi vieux qu'ils l'étoient alors , quelques années avant fa mort , & il ajoutoit que fon pere , qui avoit pouffé auffi loin que le fils fa carrière , lui avoit dit ne les avoir jamais vû planter.

pour en jouïr de bonne-heure , que cette feule efpéce.

Parmi les variétés des feuilles du mûrier blanc , on diftingue celle , appellée *Colomba* , la *Romaine* & l'*Efpagnole*. Variétés du mûrier blanc.

La feuille de Colomba eft plus mince , plus liffe , plus féche & trois ou quatre fois plus petite que les deux autres. Quelques Magnaguiers n'appliquent le nom de Colomba qu'à la variété , dont les mûres font blanches ; d'autres le donnent à toutes les petites feuilles de mûrier blanc & franc ; foit que le fruit en foit blanc , ou noir , ou gris , c'eft-à-dire , légérement purpurin.

La feuille Romaine eft la plus large de toutes & la plus plaine de fucs ; mais elle n'eft telle , que dans la jeuneffe de l'arbre , planté dans un fonds gras , & bien cultivé ; elle rentre dans la variété précédente , quand l'arbre eft vieux & dans un terrein aride. Sa confiftance & fa couleur eft pareille d'ailleurs au petit Colomba.

La feuille Efpagnole eft plus forte ,

& d'un verd plus foncé que les deux précédentes ; elle eſt moins large & plus dure que la Romaine ; plus tendre & plus large que la feuille noire, à laquelle elle reſſemble le plus.

Il eſt aiſé de conclurre de ce que nous avons dit ſur les deux eſpéces de feuille, que quand on n'en a que de celle du mûrier noir, on peut en toute ſûreté s'en tenir là & en nourrir les Vers à ſoie. Mais s'il s'agit d'en planter de nouveaux, il faut préférer les blancs aux noirs, pour les raiſons que nous avons rapportées, auxquelles on pourroit en ajouter bien d'autres.

Mais, quel parti doivent prendre, par rapport à l'éducation de leurs Vers, ceux dont la proviſion contient à la fois les deux eſpéces ? Peuvent-ils donner de l'une & de l'autre indifféremment à leur bétail ? Les Préceptes des anciens s'y oppoſent formellement le changement de feuille, diſent pluſieurs Auteurs après Vida, (c) cauſe

Du changement de feuille.

(c) Eſt bicolor Morus, Bombix veſcetur utrâque,

aux Vers à foie des maladies & la mort.

Les Magnaguiers imbus de cette tradition, & inſtruits encore plus par les fâcheux accidens qui ont ſuivi ce changement de feuille, ſubſtituée l'une à l'autre, ſont très en garde là-deſſus; ils ne donnent de la feuille noire à leurs Vers, qui ſeroient déjà accoutumés à celle du mûrier blanc; qu'au défaut de celle-ci; & ils ne la donnent qu'au fort de l'appétit de la grande freze & jamais deux repas de ſuite; avec ces ménagemens, ils profitent peu-à-peu leur feuille noire, ſans aucun fâcheux accident.

Je voulus eſſayer ſi ce changement de feuille produiroit les effets qui le font craindre : je donnai de la noire, & deux repas de ſuite, à des Vers du cinquiéme âge qui n'avoient jamais mangé que de la blanche; & je ne pûs pas découvrir qu'ils s'en trouvaſſent plus mal. Ce n'eſt pourtant pas

Utraque grata illi : cui verò aſſuerit eamdem,
Nigra albens que fuat, nullo diſcrimine amabit.

une raifon pour fubftituer indifféremment, pour toutes fortes de Vers fains
ou malades & à toute forte d'âge, une
efpéce de feuille à l'autre & fans y
apporter les précautions que nous venons d'indiquer : je connoîs des Magnaguiers qui pour l'avoir fait, avoient
fouvent effuyé des mortalités dans leur
bétail, peu confidérables, à la vérité, & qui étoient probablement en
raifon de la vigueur plus ou moins
grande de ces Infectes.

Ce changement de feuille n'a point
de fuites fâcheufes pour des Vers bien
conftitués; mais la feuille noire, plus
dure, plus coriace que la blanche, ne
peut que caufer des dérangemens dans
des eftomacs foibles, & qui n'y feroient pas accoutumés : auffi lorfqu'on
a du bétail de refte & qu'il y en a
de malingres, qui confumeroient la
feuille inutilement, on s'en délivre de
bonne-heure, ou au commencement
de la grande freze, en leur jettant
deux ou trois repas de fuite de feuille
noire, à laquelle les Vers malades, ou
d'un tempérament délicat, ne réfiftent
pas ordinairement.

L'on fert de même avec économie & à-propos, la feuille de mûrier d'Efpagne qui produit à-peu-près fur les Vers à foie les mêmes effets que celle du mûrier noir, dont elle approche par la confiftence. L'on s'en défie même d'avantage, lorfqu'elle eft trop graffe, trop fucculente, à moins qu'on ne lui ait fait perdre une partie de fes fucs par la tranfpiration.

Pour cet effet on l'expofe dans un drap, pendant demi-heure, à un foleil ardent : on la ferre enfuite toute chaude, dans le même drap, dont on lie les quatre coins ; lorfqu'elle y a fué environ encore demi-heure, on l'étend dans le Magafin pour ne la fervir que le lendemain. On traite de même la Romaine & la feuille ordinaire qui vient dans un terroir trop gras ; & celle qui croît dans le voifinage des Etangs & des Marais, qui eft la pire de toutes, fans en excepter même celle qui fe trouve dans le voifinage des Lieres, qu'on a très mal-à-propos décriée.

La feuille Colomba eft la plus faine,

la plus délicate, & celle dont les Vers
à foie mangent plus volontiers : on
préfére celle qui vient fur les Coteaux,
dans les plaines féches & aërées, dans
les Terroirs de *grès* ou graveleux ; c'eft
celle qu'il faut fervir lorfque les Vers
ont peu d'appétit , immédiatement
avant & après les mues & avant la
montée : la plus féche eft auffi la plus
foyeufe : on peut la reconnoître en la
mâchant & en la réduifant en pâte ;
on fent que la falive en devient gluante
& gommeufe (*d*) ; ce qui n'arrive pas
aux feuilles vigoureufes & trop pleines
de fuc.

De la feuille échauffée.

La pratique précédente de ferrer la
feuille chaude dans un drap pour la
faire fuer , eft certainement contraire aux bonnes régles. Pour obtenir l'ef-

[*d*] Cette pâte file en la touchant ; les mûres en maturité en font de même : c'eft ce
qui fournit aux Vaiffeaux gommeux dont nous
parlerons ailleurs , ou à la gomme qui fe
convertit en foie. Si dans le dernier âge de
nos Vers on leur fervoit de la feuille qui ne
fût pas mûre , ou qui n'eût pas pris toute fa
croiffance , on n'auroit que de fort mauvais
cocons.

fet qu'on défire, il fuffiroit de la garder un peu plus de tems dans le magafin : au lieu qu'en la faifant échauffer toute entaffée, on y excite un commencement d'effervefcence, qui tend
à la pourriture & qui change, ou
altére notablement fa qualité : mais lorfque le Ver à foie eft dans la vigueur
de l'âge & qu'il jouit d'une fanté robufte, fon appétit ne dédaigne point
une nourriture, qui le rebuteroit &
qui lui nuiroit dans tout autre tems :
tout tourne à bien, ou tout devient
fain, pour un eftomac affamé & bien
conftitué.

C'eft ce qu'on éprouve ici quelquefois,
lorfque la difette & la cherté de la feuille, obligent d'aller s'en pourvoir ailleurs, fouvent à fept ou huit lieues
loin, & pendant les grandes chaleurs.
En 1752 la feuille vint à manquer
dans nos Cévenes où les Vers étoient
en freze ; ils avoient paffé dans quelques atteliers, un ou deux jours fans
manger, on leur apporta de la feuille fi échauffée, que ce qui étoit dans
le centre des paquets, commençoit à

III. Partie.　　　　　　C

pourrir : on auroit tout jetté dans une extrêmité moins preſſante ; on ſe contenta d'ôter ce qu'il y avoit de plus gâté ; les Vers mangerent avidement le reſte & l'on eut une bonne récolte de cocons.

On corrige en partie la mauvaiſe qualité d'une feuille trop échauffée dans le tranſport & l'on ſauve l'inconvénient d'un paſſage trop ſubit du froid au chaud , en l'expoſant quelque tems bien étendue dans le magaſin , ou au grand air , avant de la ſervir : j'éprouvai cependant qu'on pouvoit la donner impunément aux Vers à ſoie dans cet état.

Je jettai à des Vers qui avoient grand appétit un repas de feuille , que j'avois fait échauffer pendant plus d'une heure , au milieu d'un tas de vieille litiere à demi pourrie & dont la chaleur faiſoit monter mon Thermométre à plus de trente-ſix degrés au-deſſus de zéro ; je la ſervis toute chaude ; mon Magnaguier s'attendoit à voir tout perir ſubitement ; je le préſumois de même ; aucun des Vers qui en avoient mangé, ne parut cependant pas s'en reſſentir, & je ne pûs voir ſans un peu de dépit, qu'ils continuaſſent dans la ſuite à ſe bien porter.

On auroit bien tort cependant de s'écarter pour cela, des régles ordinaires & de trop compter ſur de pareilles exceptions, que certaines circonſtances peuvent favoriſer. Je n'ai cité les deux exemples précédens, que pour montrer juſqu'où l'on peut hazarder, lorſqu'on y eſt forcé par le beſoin : car d'ailleurs tout retentit dans nos atteliers d'exemples contraires à ceux-ci ; c'eſt-à-dire, d'éducations qui ont peri & dont on ne pouvoit raiſonnablement attribuer la perte, qu'à un repas de feuille échauffée.

De la feuille de mûrier mouillée.

La feuille la plus ſaine par l'eſpéce, & la mieux conditionnée, peut devenir nuiſible, ſi l'on la ſert aux Vers à ſoie lorſqu'elle a été mouillée, ſoit par la pluye, ſoit par la roſée, ſoit

enfin par la miélée. Nous allons examiner féparément avec quelque étendue, ces trois fortes de mouillures,
qui font bien fouvent un poifon mortel pour les Vers à foie.

De la feuille mouillée par l'eau de pluye.

Il eft peu d'années où l'on ne faffe la fâcheufe expérience qu'un ou deux
repas de feuille mouillée, rendent les
Vers à foie plus ou moins malades,
les tuent quelquefois font perir la
chambrée entiere. Cet effet n'eft cependant pas conftant, & il eft arrivé
quelquefois que des Vers à foie ont
fait impunément de pareils repas :
cette différence d'effets peut venir du
tempérament plus ou moins robufte
de ces Infectes : mais il eft certain
auffi, qu'elle fe prend de la différente qualité de l'eau de pluye.

De l'eau de pluye nuifible aux Vers à foie. J'ai fait deux ou trois fois l'épreuve de fervir à mes Vers de la feuille légé- rement arrofée, ou plutôt afperfée avec de l'eau de pluye, & je vis clai-

(37)

rement, que certaines pluyes ne leur faifoient point de mal ; tandis que d'autres les tuoient ; il venoit à ces derniers, d'abord après avoir mangé, une goutte de liqueur brune à la bouche, qui eft le figne ordinaire lorſqu'ils font empoifonnés. J'eus une année de deux eaux de pluye tombées en différens tems ; j'en arrofai deux paquets de feuilles féparées, & un troiſième le fut avec de l'eau de puits : les Vers qui mangérent de ce dernier & d'un des deux autres rendirent la plûpart la goutte brune, & périrent ; ceux qui avoient mangé de l'autre paquet , n'eurent point de mal : les uns & les autres étoient de même âge , élevés enfemble & jouiffant, felon les apparences, d'une fanté égale.

Il n'y a pas de doute que les eaux de pluye, ne différent les unes des autres , felon la nature des lieux d'où s'élevent les vapeurs , qui en font la matière : c'eft de-là qu'elles tirent leur bonne, ou leur mauvaife qualité. On pourroit les divifer à cet égard en deux efpéces, fçavoir, en pluyes de terre & en pluyes de mer.

Les premieres, tirent communément leur origine des mêmes lieux où elles retombent , & l'on peut suppoſer qu'elles ſont ou mal ſaines ou ſalubres ſelon que le Pays eſt couvert de Marais , ou arroſé par des Rivières & ſelon la nature des exhalaiſons qui s'élevent des plantes, des animaux & des minéraux que la Terre renferme. Ces pluyes locales, connues ſous le nom de pluyes d'orage, viennent ſubitement par un tems chaud , fort ſouvent calme ; & ſont portées ſur de gros nuages, qui ne couvrent qu'une partie de l'horiſon ; les éclairs & les tonneres marchent quelquefois à leur ſuite & elles paſſent enfin auſſi promptement qu'elles étoient venues.

L'autre eſpéce de pluye , dont la Mer fournit la matière par les vapeurs qui s'en élevent & qui eſt , & plus abondante , & de plus de durée que la premiere, nous eſt le plus ſouvent apportée par le vent de Sud , que nous appellerons, pour abréger, le *Marin*, du nom vulgaire du Pays ; & la pluye qu'il améne, pluye de *Marin*.

L'eau la plus pure, telle qu'on croit communément que l'eſt celle de pluye, contient des Élémens qui lui ſont étrangers, ſçavoir, des ſels, des huiles & d'autres principes qui changent ſa qualité primitive : il eſt même très probable qu'un plus grand degré de chaleur, dont la terre eſt plus ſuſceptible que l'eau [a] à raiſon de ſa plus grande denſité, doit faire élever de la premiere des exhalaiſons plus groſſières & plus abondantes, leſquelles venant à ſe mêler avec les vapeurs qui retombent en pluye, altéreront plus ſenſiblement celle-ci, la rendront plus ou

(a) Mr. Coſſigni correſpondant de l'Académie des Sciences, a remarqué pluſieurs fois, en paſſant la ligne, ſur un Vaiſſeau qui faiſoit voile pour les Iſles de France, que la liqueur du Thermométre de Mr. de Reaumur ne montoit guere au-delà du vingt-cinquième degré de chaleur (qui eſt celle de nos Étés ordinaires) tandis que dans l'intérieur des Terres, ſous la Zone torride, les chaleurs ordinaires paſſent le trente - huitième degré. L'eau ne renvoie pas autant de chaleur que la Terre ; parce qu'elle ne ſçauroit en prendre autant.

C 4

moins malſaine, ſelon la quantité de ces corps étrangers , leur nature, & leurs combinaiſons.

De-là il paroît évident que la pluie d'orage qui tire ſon origine des terres, ou des continents, où ſe rencontrent de plus quelquefois, des eaux croupiſſantes d'Etangs ou de Marais, doit être plus chargée d'exhalaiſons ; & pourtant plus malfaiſante pour les animaux, que ne l'eſt la pluye de Marin ; auſſi préfére-t'on communément celle-ci à l'autre, pour en remplir les Citernes parce qu'elle eſt beaucoup moins ſujette à ſe corrompre.

Mais on n'eſt pas toujours aſſûré ſi telle pluye, qui eſt même décidée pour être de Marin, n'approche pas plus ou moins de la nature de celle d'orage ; ſi elle eſt ou pure ou mêlée ; ſi ſes qualités ſont bonnes ou mauvaiſes : d'ailleurs, quand bien même l'eau de pluye n'auroit aucune qualité qui la rendît malfaiſante ; elle ſurcharge toujours la quantité d'humeurs de nos Inſectes qui en avalent avec la feuille & elle peut nuire par-là ; le plus

sûr eſt de ſe défier de la feuille mouillée & de faire d'avance une proviſion
convenable de celle qui ne l'eſt pas ;
il faut en régler la quantité, ſur la
durée qu'aura la pluye, pour n'en point
cueillir trop, de peur qu'elle ne ſe flé-
triſſe ; ni trop peu, afin de n'en pas
manquer au beſoin : on peut conjecturer à-peu-près cette durée d'après les
obſervations ſuivantes.

Nous avons déjà remarqué que les
pluyes d'orages (qu'il eſt facile de reconnoître aux ſignes qui les caractéri-
ſent & que nous avons rapportés)
paſſent dans quelques-heures ; les Magnaguiers ne doivent point s'en allar-
mer ; le vent, ou un bon rayon de ſoleil, qui ſurviennent d'abord après,
ſéchent bien-tôt la feuille & laiſſent
aux cueilleurs la liberté de s'en pourvoir.

De la durée de la pluye.

Il n'en eſt pas de même de la pluye
de Marin, qui perſévère long-tems. Si
les Sources & les Rivières ſont baſſes,
ſi depuis pluſieurs mois il n'y a eu, tout
au plus, que de petites pluyes, qui
ayent à peine trempé la terre, il en

viendra de grandes qui dureront, après avoir été long-tems précédées du Marin, dont la durée fera en raifon de celle de la pluye.

Je n'ai garde de donner ce rapport, entre la durée de la fécherefſe & du Marin d'un côté, & celle de la pluye de l'autre comme quelque chofe de bien conftant; j'ai cependant depuis long-tems obfervé, que deux ou trois mois de fécherefſe, font réparés ou fuivis, de deux ou trois jours de pluye; fi le Marin a foufflé deux ou trois jours: il eft vrai que cette durée de la pluye, n'eft pas continue, elle fe partage en plufieurs ondées qui reviendront pendant fept à huit jours; mais en forte pourtant, que leur fomme, égale la durée d'une pluye, qui ne feroit point interrompue pendant deux ou trois jours.

La marche ordinaire des pluyes de Marin, eft de débuter le premier jour par quelque petite ondée de bruine; dès la nuit fuivante, c'eft fouvent des averfes, qui fe fuccédent fans interruption tout le jour fuivant & quelquefois une

partie du lendemain ; le soleil repa-
roît, les ondées reviennent ensuite de
loin à loin, quoique le Marin ne souf-
fle plus & le tems ne se ressuye, ou
ne termine qu'à quelques jours de-là
cette espéce de convalescence.

Il y a donc toujours dans les plus
longues pluyes de Marin, de longs intervalles, pendant lesquels les gouttes
d'eau ont le tems de sécher sur les arbres;
& le Magnaguier celui de cueillir la
feuille. Si cependant il y a eu dès le commencement un ou deux jours de pluye
non interrompue, on en a été averti par
le Marin, qui a soufflé d'avance ; on
a pû faire la provision pour tout ce
tems : on ne doit pas craindre que la
feuille se flêtrisse d'un, ou de deux
jours dans le Magasin, si elle a déjà
pris à-peu-près sa croissance ; l'humidité qui regne alors dans l'air, l'en
garantira suffisamment & avant que
cette provision soit achevée, la pluye
laissera des intervalles pour en faire une
nouvelle.

Les Magnaguiers intelligens qui se
guident comme par instinct sur les ob-

ſervations précédentes, ſont rarement pris au dépourvû : ils ne ſe mettent point à cueillir ſur la ſimple annonce du Marin ; ils attendent des
ſignes plus certains d'une pluye prochaine & abondante ; & ils les ju-
gent tels , lorſque le tems eſt très-bas ,
qu'il eſt pris de toute part , que le Marin
ſenſiblement humide redouble de force & porte le ſon à des diſtances
conſidérables ; on a vû auparavant les
hirondelles raſer la terre d'un vol ra-
pide , les crapauds , les ſalamandres
ſortir de leurs retraites , &c. &c. Il
eſt tems de grimper ſur le mûrier ,
de doubler le nombre des cueilleurs &
de ſe dépêcher.

De la pluie qui ſurvient au commencement ou à la fin de l'éducation.

On eſt heureux quand cette ſorte
de pluye ne ſurvient que pendant la
jeuneſſe des Vers à ſoie où l'on eſt
moins preſſé de feuille , parce que ces
Inſectes en dépenſent fort peu : on
en a bien-tôt cueilli pour deux ou
trois repas ; une plus grande proviſion riſqueroit de ſe flétrir , lorſque la
feuille eſt tendre & comme en bourgeon , il vaut mieux attendre pour

en cueillir de nouvelle, que la provision tire à sa fin : dans cet intervalle, il peut survenir un bon rayon de soleil, ou de tems serein ; & si cette ressource manque, on a celle de couper des branches de mûrier, des *émondures*, ou ce qu'on retranche sans endommager l'arbre, & de les suspendre à l'air, ou dans l'attelier, loin d'une fumée trop épaisse, pour les cueillir ensuite quand tout est bien sec.

De plus, on se rassûre pour l'avenir lorsque ces pluyes arrivent au commencement de l'éducation & qu'elles ont été assez abondantes pour que le tems se soit ressuyé ; on peut se promettre qu'elles ne reviendront pas dans la vieillesse des Vers, ou bien, qu'elles ne persévéreront pas assez, pour les incommoder, ou pour ôter aux Magnaguiers le loisir de cueillir de la feuille séche.

Enfin la pluye qui tombe de bonne-heure procure un avantage réel en favorisant à propos la végétation de la feuille, qu'elle attendrit, qu'elle développe & qu'elle rend plus abondante.

Les Magnaguiers font dans un tout autre embarras, lorfqu'il vient à pleuvoir au tems de la vieilleffe, ou de la grande freze des Vers, où les befoins font plus preffans ; ils le font bien plus encore, s'ils font furpris, ayant à peine la provifion d'un jour ; fi la pluye dure fans relâche un jour & demi, ou au-delà ; la reffource des branches coupées feroit infuffifante, à moins de vouloir tout mettre à bas ; ce qui feroit fujet encore à des dif-ficultés ; il vaut autant cueillir la feuille fur l'arbre, quoique mouillée ; mais comment la faire fécher ?

La feuille de mûrier eft une de celles qui retiennent le plus la meilleure : s'il en falloit peu, on viendroit bien-tôt à bout de la fécher, en l'éparpillant beaucoup, en la retournant de tems à autre, en la remuant enfin dans un drap élimé qui en abforbât les gouttes d'eau ; mais il faut des repas abondans à une grande chambrée ; les appartemens les plus fpacieux fuffiroient à peine pour étendre, comme il faut, plufieurs quintaux de feuille ; quel parti faut-il prendre ?

Donnera-t’on aux Vers de la feuille toute dégouttante d’eau ? Mais elle a souvent fait crever les trois quarts d’une chambrée. Les fera-t’on jeûner ? Mais si le jeûne ne leur nuit pas, il allonge au moins inutilement leur vie, & occasionne plus de dépense ; s’ils manquent un repas, sur trois ou quatre qu’on a coutume de leur donner, ils seront retardés d’un jour de plus ; que sera-ce si l’on retranche tous ceux d’un, ou deux jours.

Pour répondre à ces difficultés ; je dis que les Vers à soie sont dans ces circonstances, ou maladifs, ou bien, qu’ils jouissent d’une santé vigoureuse ; & l’on reconnoît ce dernier état, si l’on ne voit que peu, ou point de gras, ou d’autres malades & s’ils ont promptement achevé leur repas, sans faire des restes.

Dans le premier cas il y en a pas de doute qu’il faut les faire jeûner, quelque retard que cela doive apporter ; ils ne résisteroient pas à l’épreuve de la feuille mouillée, de la pluye, même, la plus pure : le jeûne loin

Dans quelle occasion faut-il donner ou refuser aux Vers à soie de la feuille mouillée.

de leur nuire, est plutôt capable de les remettre & de les tirer de l'état de langueur : j'ai fait jeûner des Vers à soie pendant deux jours au sortir de la quatriéme mue, qui ne s'en sont pas plus mal-portés. Mais lorsqu'on est réduit à ces extrêmités, on se contente de boucher les portes & les fenêtres & l'on ne fait que peu, ou point de feu dans l'appartement des Vers : on les laisse à la température naturelle, toujours fraîche dans des tems pluvieux : ils se morfondroient à la chaleur qu'on a coutume de leur donner dans ces occasions, elle ne feroit qu'irriter les organes de la nutrition, en excitant un appétit qu'ils ne peuvent point satisfaire.

Si, au contraire, les Vers à soie sont robustes, & dans le grand appétit de la freze, il n'y a pas de risque de leur servir de la feuille mouillée de la pluye de Marin ; en retardant cependant le repas de quelques heures, pour leur donner le tems de se vuider & pour éguiser d'avantage leur appétit.

Il y a des exemples sans nombre de

repas

repas donnés dans ces circonſtances
avec de la feuille qui dégouttoit de
toute part, ſans que les Vers à ſoie
en reçuſſent la moindre incommodité;
la force de leur tempérament, jointe
à la chaleur des feux de flamme, qu'on
allume aux quatre coins de l'attelier,
ſuffiſent pour faire tranſpirer l'humeur
ſurabondante que les Vers ont avalés.
On a ſoin auſſi dès-que le repas eſt achevé; d'en lever la litiere; ſoit pour dimi-
nuer l'humidité des tables; ſoit pour
empêcher que la litiere, qui en eſt elle-
même ſurchargée, ne ſe corrompe ſous
les Vers à ſoie.

Ce n'eſt, au reſte, qu'à la freze,
comme je l'ai dit, qu'on peut ſans conſéquence donner de la feuille mouillée,
& je ne conſeillerois pas de le hazarder immédiatement avant, ou après la
mue : heureuſement que les Vers à ſoie
ne ſont point alors en appétit. Si cependant, au lieu de les faire jeûner,
l'on ſe détermine à leur jetter quelques
repas ; il faut ſi peu de feuille, qu'il
eſt aiſé d'en avoir de ſéche ; il n'y a
qu'à en charger un drap qu'on tient

III. Partie   D

par les quatre coins & la faire fauter en l'air, comme fi l'on donnoit la berne ; il en tombera peu-à-peu à chaque fois fur le carreau, que je fuppofe bien balayé, & lorfqu'on fera las de cet exercice & que la feuille fera toute répandue à terre, elle fera fuffifamment féche.

De la feuille mouillée de Rofée.

Ce que nous venons de voir fur les qualités de la feuille mouillée, d'eau de pluye, convient à tous égards à celle qui l'eft de rofée.

Ce météore eft une vapeur qui s'exhale de la terre, comme celle qui forme la pluye d'orage & qui s'éleve de même, mais feulement à quelques toifes ; beaucoup plus dans les fonds, que dans les endroits élevés & aërés : celle qui rencontre fur fon chemin les feuilles des arbres, s'y attache également deffus comme deffous ; le refte, s'il vient à être condenfé, retombe peu-à-près fur l'endroit même d'où il étoit forti, à moins que le vent ne l'emporte au-de-là.

La rofée de certains pays, paffe conftamment pour n'être pas malfaifante, parce que ce n'eft peut-être que de l'eau pure ; elle l'eft plus ou moins dans d'autres, felon le climat, le terroir & le degré de chaleur qui l'éléve : telle eft celle qui produit le goëtre aux brebis qu'on méne paîtré trop matin ; & celle qui caufe des ophthalmies fur des yeux délicats, qu'on expofe au ferein, ou à la rofée du foir.

De-là, il n'eft pas étonnant que la feuille mouillée d'une certaine rofée, tue les Vers qui en mangent ; tandis qu'une autre ne les incommodera pas : l'une eft plus mêlée ou moins pure que l'autre & contient probablement des molécules ou falines, ou huileufes, qui fe joignent à l'eau dont la rofée eft principalement compofée. J'ai fait perir un grand nombre de Vers à foie en jettant fur la feuille de leurs repas des infufions de fel, que je réduifois en rofée, en les foufflant avec la bouche. Une expérience que je fefois dans une autre vûe, mais de la même façon que celle-ci, avec du vin soufflé sur la feuille, produisit sur tous les Vers à soie qui en mangerent, un effet tout pareil. Il est aisé d'éviter tous les risques, que les Vers à soie pourroient courrir de ce côté : il n'y a qu'à cueillir la feuille, lorsque le soleil, ou le vent en ont dissipé toute l'humidité.

Les qualités de certaines rosées & probablement de celle qui est saline se manifestent par leurs effets, non-seulement sur les Vers à soie qu'elles tuent ; mais sur la feuille elle-même qu'elles tachent, en desséchant les endroits qui en ont été touchés. J'ai produit artificiellement des taches pareilles en jettant simplement de l'urine sur un mûrier ; lorsqu'elle n'est pas promptement desséchée, qu'elle séjourne & que le tems est chaud, les sels de l'urine mis en jeu par la chaleur, percent, déchirent le tissu intérieur de la feuille, qui séche par cela même, à l'endroit de la petite goutte où la séve ne se porte plus.

Il reste sans doute quelques molé-

cules salines sur la feuille , après que
toute l'humidité en a été dissipée ; &
c'est pour cela , au moins je le conjec-
ture , que les Vers qui ont été nourris
de feuille tachée , ne sont pas communément aussi sains que les autres ;
quoiqu'ils ne rongent pas d'ailleurs à
l'endroit même de la tache.

Les brouillards produisent de même quelquefois des taches séches &
noirâtres sur la feuille de mûrier ; &
comme ils sont plus fréquens dans les
fonds & au voisinage des Étangs &
des Rivieres; les feuilles de ces endroits
sont aussi plus exposées à être tachées.

Certains mûriers y sont aussi plus
sujets que d'autres , indépendamment
de leur exposition ; telle est la feuille ,
du mûrier colomba dont le fruit est
noir ; la feuille , au contraire du mûrier à mûres grifes , ou d'une foible
nuance pourpre , tache moins que les
autres. J'ai eu occasion une fois , de
voir ces deux sortes de feuilles sur un
même pied de mûrier , qui portoit
deux greffes différentes ; l'une de mûrier à mûre grise , qui n'avoit aucune

D 3

tache ; tandis que les feuilles de l'autre en étoient toutes couvertes : ce qui peut venir d'un tissu plus délicat dans ces derniers, que dans celles qui n'avoient point de taches.

Enfin les mûriers plantés dans l'intérieur des Villes & à quelque distance au-dehors, ne sont pas sujets à être tachés : ce privilége s'étend plus ou moins loin, selon l'étendue des Villes, ou Villages & selon qu'ils sont plus ou moins habités ; il est certain que l'Athmosphére de ces endroits est plus chaude de trois ou quatre degrés que l'air de la plate Campagne : cet excès de chaleur raréfiant d'avantage la vapeur des rosées, la dissipe au loin probablement, ou la desséche sur la feuille, avant qu'elle y puisse faire quelque impression. [a]

(a) Les taches qui surviennent à la feuille passent avec raison pour être une dégradation qui la déprise ; aussi les particuliers qui en ont acheté & à qui cet accident arrive après l'achât, ou la convention, sont en droit de demander une indemnité au Propriétaire des mûriers ; tout comme pour la feuille brouye

De la feuille mouillée de miélée.

Toutes les liqueurs en général chargées de fels, font contraires aux Vers à foie ; c'eft par - là que la miélée, qui en contient beaucoup, devient pour ces Infectes un poifon mortel, lorfqu'on leur fert de la feuille qui en eft humectée.

La miélée ne tombe point du ciel comme le croit le vulgaire, c'eft une tranfpiration fenfible, fur les feuilles des arbres, d'un fel végétal, fous une forme humide, doux, gluant, onctueux comme le miel ; c'eft une manne détrempée, plus commune dans certains climats plus abondante fur certains arbres : il eft rare d'en voir fur les mûriers & je n'ai jamais été à portée de m'en procurer lorfque j'étois après mes expériences fur les Vers à foie.

Au défaut de vraie miélée j'en fis d'artificielle en détrempant un peu de miel dans une fuffifante quantité d'eau,

par la gelée ; à moins qu'il n'y ait quelque claufe contraire, exprimée dans la Police.

D 4

pour que le miel fût liquide ; j'en arrofai de la feuille , en y fecouant avec la
barbe d'une plume cette efpéce d'hy-
dromel ; quelques Vers refuferent
d'y toucher ceux qui en mangerent
moururent prefque fubitement avec la
goutte de liqueur brune à la bouche ,
qui eft toujours un figne de poifon. (b)

(b) D'autres matières produifent le même
effet , fans être avalées , & par une fimple
application extérieure. Je frottai légérement
avec un peu de Tabac d'Efpagne les ftigmates
d'un Vers à foie ; un quart d'heure après il
rendit la goutte par la bouche & mourut à
quelques minutes de là. Le Tabac ne nuit pas
en bouchant ces conduits , que Malpighi croit
être ceux de la refpiration ; car on les bouche plus fûrement avec de l'huile , comme l'a
fait Mr. de Reaumur & l'animal ne meurt
pas , pourvû qu'il en refte quelqu'un d'ouvert ;
il n'y a pas même d'apparence que le Tabac
pénétre jufqu'au boyau , d'où fort cette goutte
qui brunit à l'air ; il fuffit que les émanations
de cette poudre , caufent à l'embouchure des
trachées des irritations , qui fe communiquant
à l'eftomac , le faffent violemment contracter ; les dernieres ramifications de chaque paquet de bronches allant aboutir fur la furface
de ce vifcere , comme nous le verrons plus bas.

Les Vers à foie font plus ou moins malades, felon la quantité de miélée qu'ils ont avalée avec la feuille. Il n'y a guere que des novices dans la Magnaguerie, qui cueillent celle-ci & qui la fervent à leur bétail, lorfque la miélée y eft encore fraîche & avant que l'air ou le foleil l'ayent defféchée. Malgré cette précaution, s'il ne furvient une pluye qui lave la feuille ; le réfidu épaiffi de la miélée qui demeure long-tems collé fous une forme féche, eft encore dangéreux pour nos Vers à foie : il paroît au moins qu'on doit le conclurre, par ce qui arriva en mil-fept cent cinquante, où les mûriers furent fi fort miélés, le jour de la Pentecôte, que leurs feuilles en étoient toutes dégoutantes & où les maladies & les mortalités regnerent plus que de coûtume dans nos atteliers, d'abord après cet accident ; quoique le plus grand nombre des Magnaguiers eût donné le tems à la feuille de fécher avant de la cueillir.

Ce qu'il y a de fâcheux en cela, c'eft que le mal eft prefque inévitable,

parce que le reméde feroit long & pénible pour les grandes chambrées. Le
feul expédient à prendre, feroit de
cueillir la feuille lorfque la miélée eft
encore fraîche & de la laver en la
remuant dans une grande manne à la
claire-voie, placée dans une eau cou-
rante ; & de la même façon que les
Manufacturiers lavent la laine dans
une riviere : après qu'on l'auroit faite
égoutter par tas, on verroit d'après
ce que nous avons dit ci-deffus, fur
la feuille mouillée, de quelle façon
il conviendroit de la fervir aux Vers
à foie.

DU VER A SOIE
AU SORTIR
DE LA QUATRIÉME MUE.

Cinquième & dernier âge.

QUI comprend la grande freze , ou la *Freze* fimplement dit , le *Ramage* des Cabanes, la *Montée* & le filage du cocon : à quoi nous joindrons par occafion, quelques obfervations fur les maladies des *Jaunes* & des *Mufcardins* ; & nous finirons par la ponte des Papillons.

Quelques-uns de ces articles exigent, pour les bien entendre, des connoiffances préliminaires fur les principaux vifceres , ou ce qui eft contenu fous la peau de nos Infectes. Nous commencerons par donner une defcription fuccinte de ce qu'il y a de plus remarquable.

Deſcription Anatomique du Ver à ſoie.

La peau du Ver à ſoie eſt un ſac doublé en-dedans d'une matière blanche, mollaſſe peluchée & ſpongieuſe, qui entoure deux principaux viſceres ; ſçavoir, l'inteſtin & le double Vaiſſeau gommeux ; l'eſpace que ces viſceres n'occupent pas , eſt rempli d'une lymphe claire & ſans couleur dans la jeuneſſe du Ver ; elle prend inſenſiblement une nuance de jaune, qui ſe renforce juſqu'au dernier âge : cette lymphe , qui n'a point de Vaiſſeau propre, paroît être de la même nature que celle qu'on tire par quelque piquûre faite à la peau de l'Inſecte ; cette humeur-ci , qui lui tient lieu de ſang , circule probablement ; s'il faut en juger par un vaiſſeau qu'on apperçoit à cet âge-ci , à travers la peau, & ſur le dos du Ver à ſoie. Ce Vaiſſeau a pluſieurs étranglemens, que Malpighi croit être une ſuite de cœurs, on y voit un mouvement ſucceſſif de Syſtole & de Diaſtole, d'un étranglement à l'autre , qui chaſſe un fluide de la queue à la tête.

De la limphe du Ver à ſoie.

(61)

L'une & l'autre lymphe, prend une nuance brune & enfuite noire, par la fimple expofition à l'air ; & ne laiffe aucune partie vuide dans le corps du Ver à foie.

Les deux vifceres font de même, toujours pleins & participent, au moyen de la lymphe qui les entoure, à la forte preffion que la peau exerce fur eux, par la contraction où elle eft toujours dans l'état de fanté.

Le double vifcere, que j'appelle vaif-feau gommeux, eft d'un tiffu délié, comme la plus fine toile d'Araignée & contient une gomme (*a*) finguliere ,

Des vaiffeaux gom-meux.

(*a*) Cette gomme qui fort par les deux tuyaux des Vaiffeaux gommeux (qui fe réuniffent en un feul) fe convertit en un fil compofé de deux brins, qui devient ferme & très flexible, par la fimple expofition à l'air & par le degré de fineffe qu'il prend dans la filiére : un peu plus épais, il cafferoit comme du verre ; c'eft ce que j'ai éprouvé en filant moi-même entre deux doigts de cette gomme toute fraîche & en maffe ; fi aucontraire il étoit plus délié, il romproit comme un fil d'Araignée.

Mais le fingulier de cette gomme merveil-

qui eſt la matiere de la ſoie ; les deux branches, qui ont au moins un pié de longueur à la Freze, ſont repliées, l'une à droite, l'autre à gauche de l'inteſtin, qui occupe le milieu. C'eſt au bas de ce viſcere que les vaiſſeaux gommeux prennent leur origine, ou qu'ils reçoivent la gomme qui y a été préparée ; ils aboutiſſent par l'autre bout (plus délié qu'un cheveu) au mamelon, ou à la filiere, placée ſous le menton du Ver à ſoie. Le reſte des deux vaiſſeaux eſt beaucoup moins grêle & d'un calibre par-tout égal : mais dès le quatrième âge, il ſe forme vers ſa partie ſupérieure un renflement d'environ deux pouces de longueur qui acquiert à la freze une ligne & demi d'épaiſſeur. Nous allons voir à quoi ce renflement eſt deſtiné.

leuſe dont nous nous habillons, c'eſt qu'on peut la conſerver fraîche & glutineuſe, en la tenant dans l'eau ; mais une fois qu'elle a ſéché à l'air, ou qu'elle a été filée ; il n'eſt plus poſſible de faire reprendre au fil la premiere forme de gomme, ou de le délayer & le rendre pour ſi long-tems qu'on le faſſe macerer dans de l'eau tiéde.

La matière dont ces deux vaiſſeaux De la gomme ſoyeuſe. paralléles ſont remplis dans tous les âges, eſt de la couleur de la plus belle gomme vîtrée d'Arabie, & en conſiſtance d'électuaire, ou de ſirop fort épais. Dès le cinq ou ſixième jour du dernier âge, cette gomme commence à prendre, dans le bout inférieur du renflement, une belle couleur d'orangé, ou d'ambre jaune tranſparent, dans les Vers qui feront les cocons de cette couleur : cette nuance a gagné toute la partie renflée, à la maturité du Ver ou à la veille de la montée ; elle a dès-lors reçû toute ſa perfection ; c'eſt la gomme qui fournit le corps du cocon, c'eſt-à-dire, la plus belle & la principale ſoie : celle qui eſt en-deçà & en-delà du renflement ou dans la partie grêle, conſerve ſa couleur blanche, comme la ſoie de rebut qui en ſortira, même dans les cocons orangés. Le Ver à ſoie commence ce peloton creux, par une bave, ou une bourre blanche ; il le termine en-dedans par quelques couches de gaſe de même couleur, qui ſe détachent de la belle soie, lorsqu'on file, ou qu'on devide le cocon dans la bassine des Tours à filer.

Du bo-
yau du
Vers à
soie. L'intestin ou le boyau, qui est presque par tout estomac, n'a que la longueur du Ver ; il est par conséquent droit & sans replis de la bouche à l'anus. L'orifice supérieur commence par un tuyau fort étroit & de deux lignes de longueur ; d'abord après, le boyau s'élargit brusquement & conserve jusqu'à l'anus le même calibre : il est ridé dans toute sa surface, où l'on distingue deux sortes de fibres musculeuses, sçavoir, des longitudinales & des transversales. Ces derniers forment au bas du boyau, au moyen de trois étranglemens, deux poches bout à bout, où se moule un crotin exagone qui se durcit dans la plus basse poche. On distingue de pareils étranglemens dans toute la longueur du boyau dans le Ver où ce viscere est relâché par maladie & plein de mangeaille.

Le boyau ou l'estomac est toujours rempli d'un bout à l'autre d'une liqueur qu'on pourroit appeller *gastri-que*

que; elle est mucilagineuse & d'un jaune d'Ambre comme la lymphe dont nous avons parlé ; celle-ci est seulement un peu plus fluide. C'est dans ce suc gastrique que nâgent les parcelles de la feuille, telles que le Ver les a découpées avec les dents ; car elles ne se digérent pas autrement, que par un simple extrait qui s'en fait ; lequel fournit à la nutrition & à tous les fluides de l'animal.

Enfin quelques instants après qu'on a éventré le Ver & en le tenant ou-vert dans un peu d'eau, on découvre nettement les ramifications, ou les paquets de bronches qui partent de ces dix-huit points noirs latéraux appellés stigmates, qui passent pour être les organes de la respiration: ces ramifications ou ces filets prennent par le simple contact de l'air ou de l'eau, une couleur violette qui tranche surtout le reste & laisse appercevoir les extrêmités des filets qui vont aboutir sur toute la surface de l'intestin & des vaisseaux gommeux : c'est par ce moyen que ces deux visceres ont une communication immédiate

III. Partie   E

avec l'air extérieur & qu'ils reçoivent
par des milliers d'endroits ſes influen-
ces bonnes ou mauvaiſes.

De la freze.

Les Vers à ſoie qui ont été bien
ſoignés juſqu'au cinquième âge, ſor-
tent de la quatrième mue avec une
groſſe tête, une queue large ou épa-
tée, & le corps gros & ramaſſé. En
les tirant de la vieille litiere, on les
place déjà ſur toutes les tables qu'on
leur deſtine, dont on leur fait occuper
ſeulement une bande au milieu, qui
ſoit à-peu-près le tiers de la largeur
de la table : on les étend de jour en
jour par les côtés, juſqu'à la veille de
la montée, où ils doivent remplir tout
le vuide, s'ils ont crû convenablement.
On ne ſçauroit les tenir trop clair-ſe-
més à cet âge-ci ; ils s'en portent beaucoup mieux, ils croiſſent d'avantage &
font de plus beaux cocons.

Des re-
pas de la
freze.
On traite les Vers à ſoie au ſortir
de cette mue, à-peu-près comme dans
les précédentes, en leur donnant d'a-

bord peu de feuille, dont on augmen-
te la dofe d'un jour à l'autre ; infenfiblement arrive la freze qu'on appelle
auffi la *Brife*, où nos Infectes confu-
ment deux fois plus de feuille qu'ils
n'avoient fait depuis leur naiffance.

On ne fçauroit être trop attentif à
fatisfaire la faim & l'avidité de nos
Infectes pendant la freze ; ils ont befoin d'un furcroît d'alimens pour faire
une abondante provifion de fucs nour-
riciers, qui les foutienne contre le
jeûne le plus long qu'ils ayent encore
fait ; & qui fourniffe en même-tems à
la matière de cocon, ou à la gomme
réfineufe qui fe prépare vers la fin de
cet âge & qui fe rend peu-à-peu dans
les réfervoirs qui lui font deftinés.

Lorfque l'attelier a une chaleur convenable, la fougue de l'appétit commence trois ou quatre jours après la
mue : il eft au comble au fept ou
huitième les Magnaguiers donnent
pendant tout ce tems, au moins trois
repas par jour & couvrent leurs tables
de feuille à quatre ou cinq pouces de
hauteur ; il vaut encore mieux, comme

je l'ai pratiqué, partager cette dose en six repas ; les Vers profitent mieux la feuille ; il n'en laissent que la nervure du milieu ; & même avant d'en servir de nouvelle, je retourne avec la main celle du repas précédent ; je ranime le Ver par ce moyen, je l'engage à ronger les restes qu'il négligeoit & qui auroient épaissi d'autant la litiere, c'est un peu plus de peine pour le Magnaguier ; mais il n'a rien de mieux à faire, que d'être en occasion de veiller sur son bétail & de pourvoir à ses besoins.

L'appétit des Vers à soie dans la freze est proportionné, comme dans les autres tems de leur vie, à leur état de vigueur & à la chaleur qu'ils éprouvent : si celle-ci est au vingt-cinquième degré ou au-dessus, ils vieillissent trop-tôt, ils se hâtent de manger & ne se nourrissent pas assez long-tems ; la durée de la freze sera abrégée de deux ou trois jours, les Vers & les cocons seront plus petits; & ces derniers peu fournis, ou mal étoffés : la gomme soyeuse, qui en est la matière n'étant pas assez nourrie, parce que la sécrétion qui s'en

Tempé-rature de la freze.

eſt faite a été trop précipitée.

Il eſt donc important dans ces oc-
caſions de procurer par tous les moyens
poſſibles de la fraîcheur aux Vers à ſoie
ſoit en ouvrant une porte qui donne
vers la biſe, ou un ſoupirail qui ré-
ponde à un Célier, à une Cave, &c.
comme nous l'avons vû, en parlant
de l'attelier ; ſoit enfin en couvrant le
toît de rameaux, en arroſant fréquemment le carreau, en bouchant les fenêtres tournées vers le ſoleil, &c. &c.
&c. & s'il n'eſt pas poſſible de s'aider
de ces moyens, en tout ou en partie,
on diminue beaucoup l'incommodité
de la chaleur, en donnant des repas
plus petits & plus fréquens, pendant
qu'elle eſt dans ſa plus grande force.

Lorſque, au contraire, les Vers à
ſoie de la freze ſont expoſés à la biſe,
ou qu'il fait dans l'attelier un froid
de dix à douze degrés au-deſſus de
zéro ; ils mangent plus long-tems,
ſans croître à proportion ; ils gâtent
plus de feuille qu'ils n'en conſument
& les cocons deviennent fort chers
pour le propriétaire. Ce n'eſt guere que

dans une température du dix-huit au vingtième degré du Thermométre, que se trouve la juste mesure de froid & de chaud que doit avoir la freze, qui ne dure alors que quatre à cinq jours & l'âge entier neuf à dix.

Le Magnaguier a beaucoup moins à lutter contre le froid, que contre une forte chaleur de l'air ou de l'Athmosphère ; l'effet de celle-ci n'est pas seulement d'abréger la durée de la freze ; elle affoiblit le ressort de l'air, pour une trop grande raréfaction, elle le détruit en partie, par les vapeurs & les exhalaisons qu'elle y éleve ; l'air devient alors mal-sain pour tous les animaux, mais beaucoup plus encore pour les Vers à soie, il relâche leurs fibres, il leur ôte une tension qui leur est plus nécessaire qu'à aucun autre ; la langueur, la perte de l'appétit, une couleur tannée qui se répand sur la peau de l'Insecte, sont les suites ordinaires de cette température de l'air, ou de la chaleur qui l'occasionne ; mais ce ne sont pas les seules ; elle dispose encore à la pourriture les humeurs des

Vers à foie, qui font menacés de la jauniffe, dont nous parlerons dans peu : maladie mortelle que la chaleur détermine & dont elle accélére les effets , dans les Vers qui en font déjà attaqués.

Nous verrons ailleurs ce qu'il convient de faire aux Vers à foie fur qui l'on apperçoit les premiers fignes des défordres que caufe la chaleur ; mais en attendant, qu'on fe garde bien d'ufer d'un reméde que j'ai oui fort vanter pour ranimer l'appétit languiffant des Vers à foie. Ce reméde, que j'ai effayé, confifte à afperfer de bon vin les Vers, & la feuille de leurs repas ; le petit nombre de ceux que j'avois expofés à cette épreuve , n'eut pas plutôt avalé la fatale liqueur , que la goutte brune leur vint à la bouche , & ils périrent. Ce feroit tout autre chofe , fi le Ver feul , étoit afperfé de vin , ou de vinaigre.

L'efpéce de chaleur dont nous parlons eft tout autrement fâcheufe pour les Vers à foie lorfqu'elle eft renfermée dans un attelier, bas, mal expofé ;

ou bien, trop rempli de Vers & bouché de toute part ; ſoit qu'elle ſoit produite par le feu qu'on y fait ; ſoit qu'elle vienne du dehors & qu'elle ſoit du nombre de celles qui arrivent ſubitement, qui précédent, ou qui accompagnent un orage par un tems calme.

De la Toufe. Cette température connue chez les Magnaguiers ſous le nom de *Toufe*, eſt le fléau le plus ordinaire des Vers à ſoie dans le dernier âge : elle fait tout périr dans un attelier, ſi elle y ſubſiſte long-tems ; les Vers s'en reſſentent moins, ſi elle eſt de peu de durée, mais cependant ils s'en reſſentent.

Nous avons parlé ailleurs d'une ſorte de Toufe qui conſiſte dans une chaleur forte, renfermée & ſéche telle que celle du feu, qui rend *paſſis* les Vers, ſur qui elle vient à ſe rabattre. La Toufe dont nous parlons ici, occaſionnée principalement par les chaleurs du dehors, dans la ſaiſon où cet âge ſe rencontre & qui produit ſur les Vers à ſoie, des effets tout différens de la premiere doit être d'une autre nature : elle

confifte, felon toute apparence, non-
feulement dans une chaleur renfermée,
mais de plus, humide & mêlée d'exhalaifons, qui peuvent s'élever du dedans, au-dehors de l'attelier ; fur-tout
d'une litiere épaiffie, très difpofée à
l'effervefcence & à la pourriture.

On ne juge point par le Thermométre de la qualité dont l'air eft
alors affecté, cet inftrument ne mar-
que que les degrés de chaleur ; & une
forte chaleur n'eft pas toujours accom-
pagnée de Toufe, on ne connoît celle-
ci, que par le fentiment : on eft faifi
en entrant dans l'attelier d'une odeur
plus ou moins forte de relant ; l'air y
eft croupiffant & fans reffort ; la refpiration n'y eft pas abfolument gênée,
mais elle n'eft point fatisfaite, comme
elle le feroit au grand air libre, ou
renouvellé.

La Toufe varie, comme nous l'a-
vons dit, fes effets fur les Vers à foie
felon fa durée, fon intenfité & d'autres circonftances qui peuvent s'y joindre ; les Vers ne font quelquefois que
maladifs, languiffans, fans appétit &

de couleur tannée ou blafarde; mais il leur arrive aussi de tomber dans une maladie appellée la *Muscardine*, sur laquelle il est à propos de nous arrêter.

De la Muscardine.

Ses symptomes. On connoît les Vers atteints de cette maladie, d'abord à des points noirs répandus sur différens endroits de la peau; quelquefois aussi les symptômes commencent par des taches livides, ou noirâtres au sommet de la tête, à la naissance des jambes, autour des stigmates: ces taches sont suivies d'une teinture tantôt de jaune d'ocre, tantôt rougeâtre, tirant sur le canelle; ce qui a fait nommer les cadavres de ces Vers, des *Canélas*; (car lorsqu'ils sont canélas, ils sont déjà morts;) cette couleur se communique de proche en proche & gagne toute la peau; les pattes des canélas ne sont point retirées en-dedans, comme dans les *Gras* & les *Jaunes*; leur corps, au lieu de pourrir & de puer, comme ceux de ces derniers, commence à se durcir, les humeurs à se figer & à se deſſécher peu à peu ; inſenſiblement le corps deſſéché ſe couvre d'une moiſiſſure cotoneuſe ou farineuſe d'un blanc de neige ; ce qui a fait appeller les Vers dans ce dernier état, des *Muſcardins*, à cauſe de quelque reſſemblance avec une confiture ſéche de ce nom. Le Ver retient l'attitude qu'il a eue en mourant ; ce ſont de vraies momies qu'on pourroit conſerver pendant des ſiécles, comme celles qui ſont embaumées.

Les Auteurs ne parlent point de la muſcardine ; & je n'ai point de peine à croire qu'elle fut inconnue autrefois dans nos atteliers ; comme je l'ai oui dire à un vieux Magnaguier qui avoit vêcu vers le milieu du dernier ſiécle : cependant ce vieillard prétendoit qu'elle avoit été apportée en France, avec un envoi de graines venues de Piémont.

Cette maladie eſt peu ancienne.

Je croirois plutôt que la muſcardine a pris chez-nous ſon origine dans une différence qu'on a miſe à l'éducation des Vers à ſoie. On avoit, il y a quatre-vingt-ans, peu de feuille de mûrier & l'on feſoit de petites éducations dans de grands appartemens : peut-être aussi y alloit-on plus bonnement que nous & qu'on ne s'étoit pas avisé de boucher les portes, les fenêtres & toute communication avec l'air extérieur. Aujourd'hui, au contraire que les mûriers sont très-multipliés, on fait de grandes éducations dans des appartemens très-petits à proportion : on met des tables de Vers à la montée, jusqu'au toît, ou au plancher & l'on bouche tout. Fait-il froid ? On fait du feu sans laisser des issues à l'air échauffé & aux vapeurs qui s'élevent ; c'est un moyen infaillible d'inventer, si j'ose le dire, la muscardine, ou de la produire là où elle n'avoit jamais existé.

La muscardine n'est pas contagieuse.

D'ailleurs il n'est pas vrai que cette maladie soit contagieuse, ou qu'elle se communique par les graines, les meubles & l'attelier qui en auroient déjà été infectés : l'habileté du Magnaguier peut toujours la prévenir ; ses procédés irréguliers & un logement peu convenable l'occasionnent : la preuve en est que de la même graine partagée entredeux Magnaguiers, aura chez

chacun d'eux un succès différent, selon le degré de leur capacité, l'un
n'aura point de muscardins parmi ses
Vers, tandis que tout en fourmille-
ra chez l'autre ; il y a vingt exemples de cette espéce. J'ai vû des atteliers décriés pour la muscardine les
dix, les vingt années ; on avoit lavé,
ou même renouvellé les meubles, blan-
chi les appartemens, changé la graine,
&c. en suivant cependant la même
méthode ; & on n'en étoit pas plus
avancé ; il venoit un nouveau Magnaguier plus intelligent, lequel avec
les mêmes meubles & de la graine
ordinaire, ou qui même étoit provenue de Vers parmi lesquels il y avoit
eu des malades de cette espéce, ce
Magnaguier dis-je, conjuroit comme
par un enchantement la maladie, au
point de n'avoir plus de muscardins.

Cette maladie est plus commune
dans les années où la saison des Vers
est fort chaude ; elle est très-rare si
la saison est fraîche & tempérée. Elle
attaque les Vers à soie rarement dans
tous les âges ; c'est dans celui-ci

qu'elle regne le plus , lorſque ces Inſectes ſont prêts à filer , ou à grim-per ſur le rameau (*a*). C'eſt le tems où l'animal devenu très-gros , rem-plit toutes les tables & dans lequel il fait plus de chaleur : plus ces ta-bles ſont , ou peuplées , ou multi-pliées , plus la maladie ſe déclare avec force & ce ſont toujours les plus hautes , où la chaleur & les vapeurs ſe portent d'avantage , qui ſont les plus maltraitées.

On pourroit me demander , quelle ſorte d'altération cette chaleur hu-mide , étouffée & probablement mê-lée d'exhalaiſons , produit ſur les Vers qui deviennent muſcardins ? Il ſeroit, je crois , difficile de le déterminer

(*a*) Les Vers les plus malades périſſent , ou dans la litiere , ou accrochés ſur les rameaux ; d'autres ne meurent qu'après avoir filé le co-con , ou en entier, ou à demi & s'y deſſé-chent d'abord après ; le maître qui vend ces cocons, quatre fois plus legers que les autres , y eſt toujours en perte , quoiqu'il les vende d'avantage : le prix qu'on lui en donne , n'eſt pas proportionné au déchet de poids qui s'y eſt fait.

bien au jufte ; je fais feulement qu'a-
yant eu la curiofité de goûter du
bout de la langue l'humeur d'un
mufcardin que j'avois coupé en deux
& qui commençoit à durcir, j'y
trouvai une forte acidité , d'où je
foupçonnerois que la température ,
dont j'ai parlé ci-deffus , pourroit faire développer dans le corps de l'animal cet acide , qu'on n'y fent point
dans l'état de fanté ; lequel aigrit &
coagule fes humeurs & empêche que
les chairs ne tombent en pourriture , ou en une bouillie noire , comme il arrive aux gras, aux jaunes &
à d'autres fortes de maladies ; occu-
pons nous moins de deviner la nature de celle-ci , que d'en connoître
les remédes , ou d'en écarter les caufes ; & pour cela , revenons à nos
Toufes.

Les Magnaguiers attentifs ne perdent point de vûe leur bétail dans
ce tems critique ; pour peu que le ciel
foit brouillé par un tems chaud , ou
que le foleil fe réfléchiffe fur de gros
nuages dans un tems calme ; ils fça-

Moyens de pré-venir les Toufes & la muf-cardine.

vent que c'eſt le tems des Toufes les plus ordinaires ; dès qu'ils apperçoivent quelque altération dans l'air de leur attelier , ils ouvrent une porte , ou une fenêtre , qui laiſſant échaper les vapeurs donnent une libre entrée à un nouvel air , qui rafraîchiſſe celui du dedans.

On l'anime bien plus efficacement , pourvû cependant que la conſtruction de l'appartement le comporte , en portant du glui , ou de la paille longue allumée , tout autour des tables ; ou bien , en faiſant dans deux coins oppoſés de l'attelier , du feu clair ou de flamme avec du fagot , ou de la bourrée : par ce moyen , on établit ſur le champ des courans d'air de haut en bas & cet expédient eſt plus ſimple & plus à la portée de nos Magnaguiers que les ventilateurs , ou d'autres machines auſſi ingénieuſes , qu'on a inventées pour faire circuler l'air & pour le renouveller dans un appartement.

Le feu ſagement adminiſtré eſt le meilleur reméde à oppoſer à la Toufe

&

& à la muscardine , quelque chaleur qu'il fasse. Mais il devient pire
que le mal , si on l'applique dans un
appartement bas & bien bouché.

On corrige les qualités de l'air
dans le tems des toufes ou lorsqu'on
en est menacé , dans les appartemens
de cette derniere espéce , en faisant
des parfums avec des plantes aroma-
tiques ; ou en jettant quelque liqueur
acide , telle que le vinaigre sur une
pelle ou une brique rougie au feu.
On produit par ce dernier moyen ,
de même qu'avec du feu de flamme ,
une nouvelle quantité d'air qui chas-
se l'autre dont il prend la place. On
exprime aussi de nouvel air de l'eau
répandue à terre , ou sur les murs ;
par un tems chaud , car l'air qui est
dans les liqueurs y étant très compri-
mé , s'étend & s'en détache , lorsque
la liqueur s'évapore ; mais il faut
toujours le laisser échapper par quelqu'endroit.

Enfin on prévient quelquefois tous
les fâcheux symptomes & les effets
de la toufe en donnant de bonne-

III. Partie   F

heure aux Vers à foie un repas de feuille fraîche, ou en les tranſportant tout de ſuite, ſi l'éducation n'eſt pas conſidérable, dans une autre piéce plus fraîche & plus aërée.

Mais lorſqu'on s'eſt aviſé tard de la toufe & qu'elle a fait des progrès, le mal qu'elle a cauſé réſiſte quelquefois à tout ce qu'on lui oppoſe ; la mauvaiſe couleur des Vers ſe ſoutient, leur appétit ne revient pas ; on doit tenter un dernier reméde qui a réuſſi à des Magnaguiers dans de pareilles extrêmités : ils arroſoient à force les tables & les Vers avec de l'eau fraîche ; ou bien, ils trempoient ces derniers par poignées dans des baquets & les y aiguayoient quelques inſtans : les Vers à foie pourroient ſans riſque demeurer ſous l'eau un demi-quart-d'heure ; on doit les y laiſſer moins de tems & les remettre tout de ſuite ſur les tables, d'où l'on a balayé toute la litiere. Le bain froid de peu de durée n'a point les inconvéniens de l'humidité ; il donne du ton aux fibres, de la force aux vaiſ-

ſeaux qu'il rend plus propres aux fonctions animales.

Le hazard a conduit à cette derniere reſſource , ou à faire connoître
l'efficacité du bain d'eau fraîche dans
de pareils accidens : il eſt arrivé que
des Magnaguiers déſeſpérant de rien
ſauver à la ſuite d'une toufe , qui
avoient répandu ſur la peau de leurs
Vers une couleur tannée ou blafarde,
les jettoient par la fenêtre ſur un tas
de fumier expoſé à l'air ; ou bien on
les emportoit dans un champ où ils
étoient par tas ; la pluye ou la fraîcheur de la nuit & de la roſée ſurve-
nant là-deſſus , ranimoient la plus
grande partie de ces malades aban-
données, blanchiſſoient leur peau, ce
qui eſt un ſigne de ſanté & l'effet
de la fraîcheur & d'un air pur ; leur
belle couleur invitoit les paſſants à
les ramaſſer & à oſer en bien eſpérer
& leur attente ne manquoit pas d'être
remplie.

Ces violens effets de la Toufe ſont
rares & ils n'arrivent que dans les atteliers extrêmement négligés : ils ſont

plus rares encore dans ceux qui font, ou bien conftruits, ou dans une expofition favorable & dans les quartiers frais des Montagnes ; ou bien , lorfque le Magnaguier a foin de changer fréquemment la litiere , de tenir fes Vers clair-femés & fur-tout lorfqu'il laiffe beaucoup d'efpace vuide au-deffus des plus hautes tables ; les exhalaifons féches ou humides s'y trouvant plus difperfées , ou délayées dans une grande quantité d'air font moins capables de nuire à fon bétail : elles ne lui nuifent même en aucune façon , lorfque le haut de l'attelier étant fuffifamment percé , on les empêche de féjourner en le chaffant au moyen du feu.

Effet de l'humidité fur les Vers à foie.

Ce dernier élément , fi propre à diffiper les Toufes , eft encore un **bon** préfervatif pour garantir un attelier des maladies qui furviennent aux Vers à foie par un tems couvert & pluvieux, ou lorfqu'un vent humide , tel que celui du Sud , fouffle pendant quelques jours.

Dans ces fortes de tems il ne fuffit

pas, de ne fervir aux Vers que de la feuille d'où l'on a fait fécher la pluye, comme nous l'avons vû ailleurs : l'humidité feule de l'air, indépendamment de la mouillure de la feuille, peut caufer des dérangemens notables dans leur fanté, foit en relâchant leurs fibres, foit en empêchant leurs humeurs de tranfpirer.

J'ai fait voir il y a quelques années dans un Mémoire lû dans une Affemblée publique de la Société-Royale des Sciences, (*b*) que la mouillure fenfible, ou l'eau en maffe, ne nuifoit point à nos Infectes ; elle ne pénétre point leur peau & elle n'agit qu'extérieurement : lorfqu'elle eft fraîche c'eft un bain dont les bons effets font affez conftatés. Il n'en eft pas de même de la mouillure de vapeurs, ou de l'humidité proprement dite : l'eau atténuée au point requis pour qu'elle porte le nom de vapeur, peut s'infinuer dans les pores de la peau & la relâcher, pour

L'humidité relâche les fibres.

(*b*) En 1749 ; & imprimé à Montpellier, chez Jean Martel.

F 3

peu qu'elle ſoit aidée par la chaleur, qui en ouvrant les pores facilite le paſſage des parties aqueuſes.

Ces deux conditions pour relâcher, c'eſt-à-dire, l'humidité & la chaleur, ſe rencontrent ſouvent dans le vent de Sud, ou le Marin, & lorſqu'il ne ſouffle pas, la chaleur de l'attelier ſuffit pour faire pénétrer de même l'humidité qui y regneroit & qui n'auroit point d'échapemens.

Lorſque le relâchement de la peau dure peu de tems les fibres de nos Inſectes ne perdent point la faculté de ſe rétablir ; elles ſe remettent en effet dans leur premier état de tenſion. Ainſi une courte humidité ne nuit que peu, ou point aux Vers à ſoie tandis qu'une plus longue, eſt ſouvent ſans reméde.(c)

(c) Dans les tems humides & pluvieux, il y a des Vers qui meurent pour ainſi dire avec tout leur embonpoint en conſervant leur taille & toute la blancheur de leur peau, ce qui fait qu'on ne s'apperçoit guere de leur mort & encore moins de leur maladie, que lors qu'on change la litiere : j'ai vû des chambrées dont une bonne partie fondoit par-là. On les

Ce relâchement, au reste, est d'une plus grande conséquence pour la santé de nos Insectes qu'il ne l'est pour les autres animaux ; les Vers à soie ne se portant bien qu'autant qu'ils ont la

nomme *Tripes*, ou *Mort-blancs*. Le corps des Mort-blancs est flasque & molasse avant qu'ils expirent. On pourroit conjecturer que leur mort est une suite d'un long relâchement , produit par l'humidité ; mais il est accompagné de circonstances qui me font inconnues & qui font différer cette maladie d'une autre qui a la même cause.

Voici ce que j'ai trouvé en disséquant des Mort-blancs. La peau de ceux qui étoient encore en vie , ne se contractoit pas ; très-peu de suc gastrique dans le boyau relâché & tout farci de mangeaille , fur-tout vers la tête , un crotin dur au derrière , la lymphe d'ailleurs d'un beau jaune transparent, comme dans les Vers les plus fains ; elle a le même mouvement , ou circulation , autant que j'en ai pû juger par ce vaisseau qui regne le long du dos , où je voyois un mouvement vif de Systole & de Diastole à un Ver très malade. Seroit-ce une indigestion qui tueroit les Mort-blancs ? Ce seroit toujours une suite du relâchement & de l'humidité. Leur cadavre au reste qui devient noir à la longue en pourrissant, est appellé vulgairement *Capelan*.

F 4

peau dans une forte contraction ; on l'apperçoit aifément dans les derniers âges où les Vers à foie fe durciffent fous la main qui le touche[d]; cette tenfion continuelle, fi néceffaire aux fonctions vitales, aide probablement la forte de digeftion dont nous avons parlé ; elle accélére l'expulfion des excrémens grof-fiers & facilite fur le rameau la fortie de la gomme qui fe convertit en un fil de foie : au lieu que ces fonctions font troublées ou arrêtées dans les tems humides & pluvieux qui relâchant les fibres de notre infecte, le font tomber dans la langueur & dans l'abattement.

En fecond lieu les Vers à foie comme les autres animaux, tranfpirent moins dans les tems humides & pluvieux. Il fuffiroit pour cela que le relâchement de la peau les jettât dans un état de foibleffe comme l'enfeigne le Docteur

(d) On peut s'en afsûrer encore, en fai-fant une incifion fur la peau ; tous les vifceres fortent d'eux-mêmes par cette ouverture ; le corps fe raccourcit fur le champ & fe réduit environ au quart de fa longueur ordinaire.

Arbuthnot [e] ; mais d'ailleurs l'air humide, impregné de vapeurs, n'eſt plus
propre à ſe charger de celle de la tranſpiration, ou à en diſſoudre, en qualité
de menſtrue, une plus grande quantité; il exerce ſa force d'attraction ſur
ces vapeurs & non ſur celle de la tranſpiration juſqu'à ce qu'il ait abandonné
les premieres : c'eſt ainſi qu'une éponge
n'attire de nouvelle eau, qu'autant
qu'on en a exprimé celle dont elle
étoit imbibée.

Si la tranſpiration empêchée ou arrêtée eſt nuiſible aux autres animaux,
elle doit l'être bien d'avantage aux
Vers à ſoie dont la matiere tranſ-
pirable eſt à proportion bien plus
abondante & à qui un air humide doit
par conſéquent être beaucoup plus
contraire. En effet, quoique le Ver à
ſoie n'uſe que d'un aliment qui contient beaucoup d'humidité, il ne fait
cependant qu'une ſorte d'excrément
groſſier, ſavoir : le crotin qui eſt dur

(e) Voyez *An eſſay concerning the effects
of air on human bodies.*

& fec dans l'état de fanté : tous les fucs de la feuille, dont il confume une fi grande quantité en un jour, doivent donc paffer par la tranfpiration ; & fi celle-ci eft arrêtée, la plethore & tous les effets qu'elle entraîne, en font une fuite néceffaire. Alors l'humeur qui ne tranfpire pas, paffe, ou par les déjections de l'inteftin, d'où il arrive que le crotin n'eft plus moulé comme à l'ordinaire, le Ver à foie a le dévoyement, qui eft toujours un fymptome mortel ; ou bien cette humeur furabondante fe répand dans toute l'habitude du corps qui en devient tout bouffi ; bien-tot fon cours fe ralentit, elle eft croupiffante ; & pour peu qu'il y ait de chaleur, elle ne manque pas de fe corrompre. C'eft proprement l'état de la maladie des gras dont nous venons de faire l'hiftoire c'eft auffi celui des jaunes à qui elle convient également & dont nous allons parler.

De la maladie des Vers appellés Jaunes.

Cette maladie & celles des gras n'en font réellement qu'une & ne diffèrent qu'accidentellement , ayant au fond les mêmes fymptomes, les mêmes effets & des caufes pareilles.

Dans l'une & dans l'autre, c'eft une bouffiffure fur tout le corps qui n'engourdit cependant pas l'animal ; il a au contraire, plus de vivacité, ou plus d'envie d'aller que ceux qui fe portent le mieux : il dédaigne la nourriture & court fur toute la table , abandonne la litiere & laiffe par-tout des traces de la fanie qui fuinte de fa peau : fon corps rapetiffe d'autant par cette évacuation , qui le rend fale & dégoûtant & qui lui a fait donner le nom de Porc.

Cette maladie arrive fur la fin des âges , lorfqu'il s'agit de changer d'état ; l'animal meurt avant d'entrer dans un noüveau ; les gras ne muent pas ; les jaunes ne filent point leur cocon, dans lequel fe fait la derniere mue ; ils ne jettent pas le moindre

brin de foie, comme le font les mufcardins, ou ceux qui font prêts à le
devenir. Nos malades n'ont point de
relâchement dans la peau ; mais le
mouvement de leurs fluides eft très
ralenti, il difparoît même long-tems
avant qu'ils meurent, comme il eft
aifé de l'appercevoir fur le vaiffeau
dorfal, où la tranfparence de la peau
permet de voir la circulation qui s'y
fait : le mouvement des humeurs
étant fort ralenti ou entierement arrêté, il eft naturel que la chaleur les
faffe tourner vers la putréfaction,
qui les rend purulentes, & c'eft ce qui
arrive.

Le dé-
faut de
tranfpi-
ration eft
la caufe
prochai-
ne de
cette ma-
ladie.

Nous avons dit en fecond lieu,
que dans les gras & les jaunes, ce
font les mêmes effets produits par
des caufes femblables ; c'eft une efpéce d'anafarque, ou un amas d'humeurs croupiffantes, occafionné par
un abord continuel des fucs de la
feuille, qui n'ont pû s'échapper par
la tranfpiration : c'eft là la caufe prochaine de ces maladies dont nous
avons parlé au fujet des gras dans le

précédent Mémoire ; c'eſt une tranſpiration arrêtée ; l'anaſarque ou l'hy-
dropiſie en queſtion la ſuit toujours
dans nos Inſectes ; ou plutôt , elle
ſuit toujours ce qui cauſe cet arrêt ou
cette ſupreſſion ; ce qui nous met en
droit de la lui attribuer , vû l'analogie de la cauſe à l'effet & à un effet
conſtant.

Nous l'avons vû ſuivre , cet effet,
après une couvée où l'on n'a pas eu
ſoin de remuer la graine , pour faire
diſſiper la vapeur tranſpirée , qui en
auroit occaſionné une nouvelle ; &
enſuite dans les Vers à ſoie à qui l'on
a ſervi une feuille dure & indigeſte,
ou qu'on a expoſés au froid, à l'humidité &c. qui , ſelon Sanctorius &
tous les Auteurs de la Médecine ſtati-
que , ſont les cauſes ordinaires qui
empêchent la tranſpiration.

Les Vers jaunes, avons nous dit ,
ne différent des gras qu'accidentellement ; les premiers ſont de couleur
d'un jaune de citron aſſez foncé ; &
ont la jointure des anneaux relevée
en bourelet : cette bourſoufflure eſt

produite par une raréfaction des humeurs, pendant une saison chaude. Et à la partie la plus lâche, ou la plus mince de la peau ; elle est peu sensible dans les gras d'une taille plus petite & exposée à une moindre chaleur.

A l'égard de la couleur, qui a donné le nom à cette variété de la grasserie, elle est causée par un épanchement, ou une infiltration de la lymphe dans le tissu de la peau ; cette humeur n'a dans les premiers âges qu'une foible nuance de jaunes, qui se renforce dans cet âge-ci ; cette teinture peut venir encore de celle de la gomme soyeuse, qui se décolore dans cette maladie ; elle est très propre à s'exalter, ensuite de la putréfaction qui y arrive & d'aller se répandre sur toute la peau ; la soie étant selon l'analyse qu'en a fait M. Tournefort, de toutes les matieres animales, celle qui donne le plus de sel volatil, sa partie colorante a probablement la même propriété de se volatiliser.

La jaunisse commence par les bords

des ſtigmates, gagne les pattes mem-
braneuſes [raccoùrcies ou retirées dans
le corps], elle paſſe de-là au milieu
de chaque anneau & enfin dans toute l'habitude de la peau. Ces progrès
ſont plus rapides dans les grandes chaleurs des tems calmes, toujours humides ; non-ſeulement elles cauſent
la pourriture des humeurs de notre
Inſecte, mais elles déterminent même cette maladie dans ceux qui s'y
trouvoient déjà diſpoſés.

Auſſi les jaunes ſont rares par un
vent frais du Nord & dans un tems
ſerein, lorſque les Vers à ſoie n'ont
qu'une chaleur ſeche (*a*). Telle eſt

La cha-
leur du
feu pré-
vient
cette ma-
ladie.

(*a*) Cette température, qui eſt la plus favorable pour toute l'éducation en général,
eſt celle en même-tems où l'air eſt plus élec-
trique & où les expériences de l'Electricité,
réuſſiſſent mieux : il paroît par celles que ce
Phénoméne a donné occaſion de faire que le
fluide, qui y joue un ſi grand rôle, pénétre
tous les corps & que paſſant dans ceux des
animaux il en agite les humeurs, les échauffe,
les diviſe & les fait tranſpirer. Si l'on pouvoit donc commodément électriſer les Vers
à ſoie menacés de la graſſerie, ou de la jau-

sur-tout celle du feu qui eſt ſans contredit le meilleur reméde qu'on puiſſe
oppoſer à tout ce qui arrête la tranſpiration & en particulier à l'humidité
des tems pluvieux ; tems où nos Vers
contractent les maladies dont nous
parlons. Le feu deſſéche l'air en at-
ténuant d'avantage les vapeurs qu'il
ſoutient ; il diſſipe l'Athmoſphère de
tranſpiration qui humectoit la peau
du Ver, en y croupiſſant ; & par ce
moyen, il contribue à en faire exhaler une nouvelle ; l'air deſſéché par
le feu attire celle-ci avec plus de force & les fibres de la peau ont à leur
tour plus d'avantage pour la chaſſer
au - dehors.

Le feu d'ailleurs, par ſon action
ſur l'air, le rend plus propre à la reſpiration, ſoit en augmentant ſon reſſort,
que l'humidité affoiblit, ſoit en diſ-
ſipant les vapeurs dans leſquelles il

niſſe, on préviendroit ces maladies ; on gué-
riroit même celles qui ne ſeroient que com-
mencées ; car pour les autres, ce ſeroit un
moyen ſûr d'accélérer la mort des Vers qui
en ſeroient attaqués.

étoit

étoit engagé & qui rendoient son entrée difficile dans les stigmates très-
étroits & couverts de deux rangs de
poils fort serrés ; soit enfin en cor-
rigeant , ou en détruisant par le mouvement & l'agitation , ce qui pourroit
altérer sa salubrité.

C'est principalement par la chaleur
du feu, qu'on met les Vers en appétit ,
qu'on leur rend l'activité , qu'ils perdent dans les tems de pluye & d'humidité , quelque soin qu'on ait eu de
ne leur servir que de feuille séche ; elle
tempére enfin la trop grande fraîcheur
que ce tems améne ; laquelle en allon-
geant inutilement la grande freze , re-
culeroit aussi mal-à-propos la maturité
qui doit la suivre.

Trois pouces & quatre lignes.

longueur

DU VER A SOIE

DANS

SA PLUS GRANDE

*croiſſance, ou à la fin de la Freze,
& immédiatement avant la maturité.*

LA fougue de l'appétit du Ver à ſoie à la freze dure, comme nous l'avons dit, trois ou quatre jours ; paſſé ce tems, le Ver a acquis toute la croiſſance de ce dernier âge ; ſa peau ne peut plus ſe diſtendre au - delà, ſes vaiſſeaux gommeux ſont pleins & preſſent l'eſtomac ; tout l'avertit de ne plus manger ; ſon appétit baiſſe tout naturellement ; l'aliment qui rendoit ſon corps opaque en rempliſſant toute la capacité du boyau en gagne

peu à peu fans être remplacé , la partie inférieure ; la tête & les premiers
anneaux acquierent par-là , comme certains fruits en mûriffant , quelque
demi tranfparence ; c'eft de-là que les
Magnaguiers ont appliqué à nos Infectes l'expreffion figurée de Ver *mûr*
& même celle de Ver *tourné* qui eft
le premier degré de cette efpéce de
maturité.

Le Ver à foie qui commence à
tourner dédaigne la feuille : fi on lui
en jette, il grimpe par-deffus, fans y
toucher autrement ; il s'y tient immo-
bile, & la tête élevée, qui eft d'un
roux un peu tranfparent ; on en apperçoit plufieurs de cette efpéce répandus çà & là fur les tables ; on les
diftingue mieux en regardant à travers le jour d'une fenêtre, ou à la
faveur d'une lampe placée au-de-là
du Ver : ces Infectes fe vuident peu
après de leurs crotins ; & par une
fuite néceffaire leur corps rapetiffe
dans toutes fes dimenfions. Ces crotins qui jufqu'à ce moment étoient
durs & noirs, dans l'état de fanté ,

font mous & verdâtres , quoique d'ailleurs bien moulés. Enfin tout le corps étant devenu demi tranfparent & roux, comme l'étoit d'abord la tête, le Ver à foie fe met à courir fur les tables, fans fuivre de route certaine ; un brin de foie lui fort par la filiere ; il en laiffe des traces fur fon paffage ; il abandonne la litiere & cherche à s'échaper par les bords des tables , par les montans , d'où il va s'égarer dans les différens coins des murailles & du plancher de l'attelier.

C'eft le fignal qui doit avertir le Magnaguier que la montée eft très prochaine & qu'il doit tenir les rameaux prêts. Il en a un autre plus fenfible & qui l'avertit un peu plus d'avance ; ce font les malades appellés jaunes qui paroiffent (lorfqu'il doit y en avoir)un ou deux jours avant la montée.

Des Rameaux & de la façon de ramer les Vers à foie.

On n'attend pas pour ramer , les derniers fignes que nous venons de rapporter : il faut avoir les rameaux prêts & à portée , & suffisamment d'ouvriers pour se mettre tout de suite à l'ouvrage ; les uns les présentent , les autres les dressent , d'autres vont cueillir le peu de feuille dont on a encore besoin : le Magnaguier doit avoir l'œil à tout : c'est le jour du plus grand travail & d'un terrible embarras , si l'éducation est nombreuse , d'une seule classe & les Vers presque tous prêts à filer.

Ces rameaux sont des brins d'arbrisseaux , qu'on place debout , par files , ou par rangées , en ligne droite , entre les deux planchers d'une table , sur laquelle les files de rameaux sont posées en travers ; ce qui forme de petites allées , ou des berceaux d'environ un pied & demi de hauteur , d'autant de largeur & d'environ six pieds de longueur , ce qui est la largeur de la table ; on donne le nom de cabane à ces allées , ou à la distance qu'il y a d'une file à l'autre.

Ceux qui sont à portée de choisir , préferent les rameaux dont le pied, ou

G 3

la tige eſt droite, la tête touffue, ou
bien branchue & dont les menues branches ſont anguleuſes & tortillées ,
afin que les Vers puiſſent y trouver un
plus grand nombre de petits eſpaces
vuides , pour attacher tout au tour les
premiers fils de leurs cocons, ou de la
bave qui en eſt l'échaffaudage.

Leurs
eſpéces. Tels ſont entre autres, l'Alaterne,
le Filaria le petit Chêne-verd épineux,
&c. le Gênet, la Bruyere à balais , tant
mâle , que femelle , dont les brins de
la tête ſont plus droits, plus ſerrés &
preſque d'une venue , ſont moins propres à ramer : mais on ſupplée au défaut des petits eſpaces dont nous avons
parlé en écartant les brins d'un &
d'autre côté lorſqu'on les met en place.
Cependant ſi la tête des Alaternes ,
ou de pareils Arbriſſeaux , étoit trop
rameuſe ; enſorte qu'on n'en pût mettre deux de ſuite , ſans que les pieds
fuſſent trop écartés, on met entre-eux,
des brins de Bruyere qui n'ayent que
peu ou point de tête ; afin que l'enfilade des pieds des rameaux faſſe une
paliſſade aſſez ſerrée , pour ne laiſſer

que de petits espaces d'un pié à l'autre ; au moyen de quoi le Ver qui
cherche à grimper , rencontre plus facilement un rameau & n'allonge pas
inutilement sa course , en passant d'une
cabane à l'autre.

On supplée au défaut des rameaux
qui n'auroient qu'une tête effilée , en
leur faisant soutenir par le haut &
contre le plancher de la table supé-
rieure , des poignées de copeaux en
ruban qui tombent sous la varlope
des Menuisiers ; les Vers à soie y trouvant de milliers de loges , s'y placent
commodément , se mettent tout de
suite à filer & sont moins exposés aux
chûtes qui se font fréquemment sur les
tables ; ce qui est l'inconvénient d'un
ramage mal entendu.

Il faut recourir à quelque expédient
pareil , dans les endroits où l'on n'a
que du jonc , de petits roseaux , &c.
On se sert de tout ce que rapporte
le pays qu'on habite : à l'Isle de Bour-
bon & dans quelques endroits du
Portugal , on ne trouve rien de mieux
pour ramer les Vers à soie que la Fou-

gere : ailleurs ce font des pelures d'o-
fier, ou de larges feuilles d'arbres, qui en féchant fe recroquevillent & qu'on foutient en l'air le mieux qu'on peut. Le peu de Vers à foie champê-tres qui viennent naturellement dans quelques Forêts de la Tartarie Chinoi-fe, ne trouvent pas probablement fur les mûriers, des places auffi commo-des pour filer leurs cocons.

De l'ap-
prêt qu'-
on fait
aux ra-
meaux.

On fecoue au refte, les rameaux dont la feuille, telle que celle de la bruyere, fe mêleroit dans la bourre, ou la bave du cocon & la faliroit. On en nettoye encore le pied, à la hauteur de cinq ou fix pouces, des chicots, des menus brins qui pour-roient ou bleffer le Vers, ou l'em-barraffer dans fa marche; enfin on les coupe tous de mefure ; enforte qu'ils ayent quelques pouces de plus en lon-gueur, qu'il n'y a de diftance, ou de hauteur d'une table à l'autre, & qu'on laiffe un peu plus longs, ceux qui font plus flexibles, ou moins touffus ; c'eft le moyen de fixer leur tête & de l'arc-bouter fur le plancher fupérieur, en la courbant à droite & à gauche ; ce qui forme au haut de la cabane, le berceau dont nous avons parlé.

La plus haute table n'a point de plancher supérieur, ou n'en devroit point avoir, si elle est suffisamment éloignée, comme nous l'avons recommandé, de celui de l'appartement. Pour y fixer les rameaux, on a de petits fagots épais de cinq à six pouces, comme une javelle de sarments : on les couche tout en travers de la table, en les espaçant comme les cabanes ordinaires : c'est dans ces fagots longs d'environ une toise, qu'on fiche les pieds des rameaux, auxquels on laisse toute la longueur qu'ils avoient & dont on fait appuyer les têtes d'un rang à l'alternative, sur celles du rang qui est à côté. (a)

(a) Le grand air, ou celui qui n'est point gêné dans des espaces étroits (dans lesquels il se renouvelle plus difficilement) est le plus favorable aux Vers à soie pour filer. C'est pour cela que le plus haut rang de rameaux est toujours le mieux garni de Vers ; les cocons y sont plus drus, plus fermes & mieux étof-

Si les tables inférieures ne font pas plus étroites à mesure qu'elles s'élevent l'une au-deſſus de l'autre, comme nous l'avons marqué ailleurs en parlant de la conſtruction des tables, il faut réparer ce défaut en ramant & faire rentrer en-dedans les rameaux, ou loin du bord des tables, de peur que les Vers venant à tomber de-là, n'aillent s'écraſer ſur le careau.

Il ne feroit pas tems de chercher

fés : il y auroit une manière de conſtruire les tables, qui procureroit à toutes les cabanes cet avantage, en laiſſant à l'air un accès & un cours beaucoup plus libre, cette manière conſiſteroit à fixer des tringles de bois, de la largeur de trois doigts, dans tous les endroits des tables où doivent porter les files de rameaux, c'eſt-à-dire, de dix-huit en dix-huit pouces ; l'entre-deux où les Vers font couchés, feroit rempli, ou couvert d'une planche mobile qui couleroit ſur les tringles, au moyen d'une rainure & d'une languette : dès que les Vers feroient montés, & qu'ils auroient été *fevrés*, on enleveroit toutes ces planches en couliſſe, qui avec les tringles formoient la table ; il ne reſteroit rien fous les cabanes, qui porteroient uniquement ſur les tringles & l'air circuleroit par-tout avec facilité,

ses rameaux, de les raſſembler au logis & de les ajuſter, lorſqu'on eſt à la vieille d'en garnir les tables, ni même pendant la fatigue de la freze, qui occupe aſſez les ouvriers ; on a dû faire ſa proviſion de bonne-heure & la meſurer à-peu-près ſur le beſoin qu'on en a.

On compte communément qu'il faut un cent peſant de rameaux ſecs, bruts & dépouillés de leurs feuilles, pour ramer dix tables, qui doivent rapporter cent livres de cocons ; car les rameaux qui en ſont bien garnis, en rendent le plus ſouvent dix livres par table.

Rapport des rameaux aux Vers à ſoie qu'il faut ramer,

Pour mieux juger encore de ce rapport, il faut ſçavoir qu'on eſt dans l'uſage de reſſerrer les Vers qu'on met ſous les rameaux & de doubler les rangs ; en ſorte que de deux tables, on en faſſe qu'une à meſure qu'une partie des Vers de la table ramée a grimpé. On en uſe ainſi pour s'épargner la peine de ſervir un plus grand nombre de tables, ou pour ménager la feuille, dont on perd d'avantage,

en la jettant fur des Vers trop clair-
femés & enfin pour que les rameaux
foient mieux garnis de cocons ; ce qui
fatisfait d'avantage l'œil, ou la vanité
du Magnaguier.

Il feroit cependant plus à propos
de ramer toutes les tables , telles
qu'elles font & d'y laiffer les Vers clair-
femés; ils s'en porteroient mieux, & j'ai
tout lieu de croire qu'on auroit moins
de cocons doubles ; (*b*) ce qui porte

(*b.*) Les cocons doubles font ceux dans lefquels deux & très-rarement trois Vers à foie
s'affocient , pour filer à fraix communs fous
un même couvert. J'ai obfervé conftamment
que des deux papillons qui éclofent de ces
cocons , l'un eft mâle & l'autre femelle ; jamais deux Vers mâles ou deux femelles ne
font de pareilles fociétés. Ainfi ces Infectes
dans l'état de Ver , où l'on ne voit entre-eux
aucune différence , ont un inftinct fûr , ou
des marques pour diftinguer leurs fexes , dans
un tems où ils n'en ont probablement aucun,
ou dont ils ont tout au plus le germe ; ils ne
paroiffent l'acquérir tout entier , qu'au moyen
de leur métamorphofe de Ver en Chryfalide,
ou en papillon : mais quand bien même ils
auroient dès l'état de Ver un fexe ; ils n'en
auroient pas encore la puberté , qui raffemble

toujours quelque préjudice à ceux qui
font filer : la foie de ces cocons fe ven-
dant la moitié moins , que celle des

feule chez les autres animaux , le mâle & la
femelle & leur infpire un doux penchant l'un
pour l'autre.

Pour que nos Infectes fe déclarent celui
qu'ils reffentent , il faut qu'ils foient ferrés &
à portée l'un de l'autre fur le rameau ; ou bien
que les places commodes leur manquent pour
les obliger de fe rapprocher. Auffi ai-je toujours remarqué , qu'il y a moins de doubles,
lorfqu'il y a peu de Vers fous les rameaux ;
ou bien fi les rangs font ferrés , il y aura peu
de doubles , lorfque les têtes des rameaux font
bien garnies de menues branches tortillées ,
qui laiffent entre-elles beaucoup de petits ef-
paces propres à y établir un cocon.

C'eft par une raifon femblable qu'il y a
peu de doubles , lorfqu'on rame de bonne-
heure & que les Vers ne font pas prompts à
mûrir à la fois : ils ne montent que de loin
à loin fur les rameaux & à mefure qu'ils mûriffent ; les plus diligens fe font logés à l'aife
& ont commencé leur ouvrage , avant que
d'autres ayent pû les joindre , pour travailler
enfemble. Deux Vers ont beau fe convenir
l'un l'autre & avoir d'autres raifons pour s'affocier dans le filage , il faut auffi qu'ils foient
prêts à commencer à la fois.

cocons ordinaires : il eſt vrai , qu'il faudroit dans ce cas , la moitié plus de rameaux , ce qui feroit pourtant un petit inconvénient , dans les endroits où l'on en feroit à portée &

Les deux Vers des cocons doubles travaillent chacun féparement , fituées de façon , que la queue de l'un eſt tournée vers la tête de l'autre ; l'ouvrage eſt cependant uni & bien lié ; & les deux tâches femblent être du même ouvrier.

Il y a une chofe remarquable parmi les doubles ; c'eſt que dans une chambrée où il y aura autant de cocons blancs que d'orangés ou d'incarnadins , on ne voit jamais de cocon double mi-parti , ou dans lequel ces deux couleurs foient mêlées : les doubles blancs , font de cette couleur en-dedans & en-dehors & il en eſt de même des cocons doubles des autres couleurs; cependant ces couleurs ne font que des variétés qui changent d'une année à l'autre , comme nous le verrons ailleurs. Nos fileurs cherchent donc à s'affocier non-feulement avec une fileufe , mais avec celle dont le fil fera de même couleur & ne fera point de bigarure avec le fien ; pour cette fois-ci, nos ouvriers n'ont qu'à faire ufage de leurs yeux ; car on diftingue très-bien à la vue , lorfqu'ils font mûrs, ceux qui feront un cocon blanc , d'avec ceux qui le feront orangé.

où par cette raison ils ne couteroient
guere.

Il y a un juste milieu à prendre
sur le tems où l'on doit ramer les Vers
à soie si on le fait trop-tôt, ou avant
la maturité des Vers & lorsqu'il faudra les servir long-tems encore, on ne
jette pas avec autant d'aisance sur
les tables (ainsi embarrassées) la feuille
des repas; sur-tout lorsque les cabanes
font basses & étroites, comme elles
le font le plus souvent, & avec des
rameaux mal arrangés. De plus, la
litiere a le tems de s'entasser & on ne
la retire de dessous les Vers *cabanés*
qu'avec beaucoup de peine; enfin l'air
des cabanes est toujours plus étouffé;
parce qu'il peut moins circuler dans
l'entrelas des rameaux, c'est pour cela
qu'il ne faut y laisser séjourner les Vers,
que le moins qu'il est possible.

La raison que donnent les Magnaguiers, pour ne pas ramer trop-tôt les
Vers à soie & pour leur donner de
l'air autant qu'on le peut, c'est, di-
sent-ils, que dans la maturité la soie
leur cause une chaleur intestine qu'il

Incon-
véniens
à ramer
trop-tôt.

faut chercher à tempérer : ils entendent par la soie, la gomme qui doit le devenir ; mais rien de plus hazardé que l'opinion de cette prétendue chaleur.

Les Vers à soie n'ont point de chaleur qui leur soit propre.

Il n'en est point des insectes, au moins de celui dont nous parlons, comme des autres animaux : les quadrupédes & les oiseaux ont une chaleur qui leur est propre, indépendante de celle de l'air qu'ils respirent & ordinairement plus forte ; puisqu'ils ne pourroient vivre long-tems dans un air qui seroit aussi chaud que leur corps, ou que le sang qui l'anime : au lieu que le Ver à soie n'a d'autre chaleur, comme je l'ai éprouvé, que celle de l'air où il vît : il est à cet égard précisément comme les végétaux ; sa durée & ses accroissemens sont exactement en raison du degré de cette chaleur extérieure, dans tous les périodes de sa vie & en particulier lorsqu'il est dans la maturité ; j'en ai appliqué plusieurs fois dans cette circonstance, à la boule d'un Thermométre fort sensible, que je tenois suspendu sur une des tables, & je n'ai jamais vû la liqueur

[113]

queur monter le moins du monde au-
deſſus du point où elle étoit [c]. La chaleur que les Vers à ſoie peuvent avoir
de plus dans la maturité que dans les
âges précédens ne vient que de l'air
ordinairement plus chaud dans la ſaiſon où elle arrive, ou de la litiere en-
taſſée qui s'échauffe; ce qui peut altérer
les humeurs du Ver & les faire tourner
vers l'alkaleſcence.

Les inconvéniens de ramer trop-tôt, Incon-
vénient
à ramer
trop-
tard.
ſont d'une moindre conſéquence, que
celui de faire trop tard cette opération : le Ver à ſoie inſtruit par la
nature, court ſur les tables lorſqu'il
eſt mûr, pour chercher une place pareille à celle qu'il trouveroit ſur les

(c) Si l'on trouve ces Inſectes ou chauds,
ou froids en les tâtant du revers de la main,
c'eſt toujours relativement au chaud , ou au
froid qu'on éprouve ſoi-même, ou au plus,
ou moins de denſité du corps du Ver : c'eſt
ainſi qu'en maniant deux boules qui ont été
long-tems à la même température & dont
l'une eſt de marbre , l'autre de bois, celle-
ci paroîtra plus chaude que l'autre , quoiqu'elle
ne le ſoit pas plus. L'épreuve du Thermométre
feroit connoître l'erreur.

III. Partie   H

arbres où il étoit diftiné à filer ; cependant en cherchant, en différant, les reſſorts de ſa peau, ſi néceſſaires pour cette manœuvre, s'affoibliſſent pour être trop long-tems tendus ; la tranſpiration que la chaleur fait exhaler de ſon corps & que rien ne remplace, le fait décroître par la tendance continuelle de ſa peau à ſe contracter en tout ſens : le tems de la Métamorphoſe arrive ; le Ver s'accourcit & ſe change en Fêve, ou Chryſalide ſans avoir filé ; ou il ne fait tout au plus qu'une toile inutile ; ce qui eſt ſouvent pour le maître une perte notable, cauſée par cette ſorte de Vers appellés *courts*. Vulgairement *courchos*.

C'eſt pour prévenir les courts, que quelques Magnaguiers, qui ont des chambrées conſidérables [dont ils ne font qu'une claſſe, pour être plutôt hors d'embarras,] paſſent par-deſſus les conſidérations que nous avons rapportées & ſe mettent à ramer dès les premiers Vers mûrs, ou tournés qu'ils apperçoivent. Ce qui peut les autoriſer à cela, c'eſt que lorſque les Vers à ſoie ont été bien gouvernés & qu'ils font bien conftitués , s'il furvient de fortes chaleurs , on eft furpris par la montée ; en moins de vingt-quatre heures tous les Vers, ou au moins les deux tiers, font mûrs & cherchent à filer; il n'eft pas poffible de les ramer auffi-tôt qu'il le faudroit & en attendant ils s'accourciffent.

La pratique ordinaire , que je crois préférable , eft de divifer l'éducation en deux ou plufieurs claffes ; de s'arranger , d'après ce que nous avons vû ailleurs , de façon qu'elles mûriffent & qu'elles montent, à un ou deux jours d'intervalle l'un de l'autre ; & d'attendre pour commencer à ramer la plus hâtive, que les fignes de maturité fe manifeftent dans un grand nombre de Vers.

Nous avons déjà vû que lorfque le Ver à foie commence à tourner & à mûrir, fon appétit baiffe ; il eft plus difficile fur la qualité de la feuille : il faut avoir mis en referve pour ce temsci la plus appétiffante , celle qui eft plus propre à leur mettre , comme on dit , le feu fous le ventre : telle eft la feuille des vieux arbres plantés

H 2

dans un terroir graveleux, celle qui
eſt mince, petite & maigre ſans être
jaune, tachée ou flétrie ; elle eſt plus
ſoyeuſe c'eſt-à-dire, qu'on y ſent plus
de gomme lorſqu'on la réduit en pâte
dans la bouche. On en ſépare, avant
de la ſervir, celle qui eſt par trochets,
ou qui tient à quelque bout de branche,
de peur que les Vers, ſans aller plus
loin, ne ſoient tentés d'y filer leur
cocon, qui ſe ſaliroit, ou ſe perdroit
dans la litiere.

La maturité arrivée, il faut mettre
les Vers ſous le rameau ou comme
on dit *mettre deſſous*. Dans une éducation d'une, ou de deux onces de graine,
c'eſt un amuſement pour les perſonnes de la famille, de tirer les Vers un
à un dans une aſſiette, à meſure qu'ils
mûriſſent, de les porter ſous les cabanes d'une table vuide qu'on a ramée
d'avance ; & de les appliquer même
au pied du rameau pour leur abréger
la fatigue du chemin , ou la longueur
des recherches. D'ailleurs les Vers qui
montent ſur le rameau, ſe vuident
avant de filer d'une humeur ſuperflue :

cet excrément qui eſt gluant, ſalit ceux de la table ſur qui il tombe , il roidit , en ſe deſſéchant , la peau de ces Vers & les rend moins propres à grimper à leur tour.

Il y a donc à gagner à prendre ce ſoin, qui n'eſt ni long, ni pénible , s'il n'y a que peu de bétail : autrement on les porte tous pêle-mêle & indiſ-tinctement des mûrs , ou de ceux qui ne le ſont pas encore, ſur une table nette & ramée. On prépare de même celle d'après , qui a été dégarnie de Vers & l'on y place ceux de la table ſuivante , & ainſi de ſuite ; à chaque fois & avant de ramer une table, on la nettoye de la litiere & du crotin ; il eſt très-bon même de la frotter avec quelque plante aromatique.

C'eſt toujours par-là qu'on débute, c'eſt-à-dire, par *déliter*, ſoit qu'on rame ſur des tables vuides , comme nous venons de le voir, ſoit qu'étant plus preſſé , on le faſſe immédiatement ſur celles qui ſont chargées de Vers ; (qu'on range alors à droite & à gauche pour placer le rameau ſur la table nue)

H 3

on enleve toujours à mesure la litiere : celle qui se forme dans la suite par les petits repas qu'on continue de servir, n'a pas le tems de trop s'entasser, si les Vers sont prêts à filer.

Cette derniere litiere est appellée par les Magnaguiers la mere nourriciere des cocons ; parce qu'en effet le peu d'humidité qu'elle exhale, les empêche de trop se dessécher, ce qui feroit un déchet à la vente ; l'on se détermine d'autant moins à l'enlever, que le crotin passant à travers les joints des tables, saliroit la bave (ou *Blaʒo*) des cocons qui seroient au - dessous ; c'est pour cela aussi , qu'en commençant à ramer on s'y prend plutôt, par les plus hautes tables, que par les inférieures.

Lorsque , au contraire, on rame avant que les Vers soient bien mûrs ; ou si en les ramant à-propos , il survient des tems, ou froids , ou humides qui retardent la montée ; il faudra sans contredit, déliter une seconde fois sous les cabanes & l'on s'aide dans ces occasions d'un petit rable , d'un fourgeon de cheminée , ou de quelqu'autre inſtrument de cette eſpéce.

Les Magnaguiers peu attentifs à leur bétail ſont quelquefois ſurpris par la maturité, ou par la montée qui arrive tout-à-coup , lorſque les Vers bien ſains , ſont aidés par un tems chaud & ſerein : ils s'allarment, ils ſe troublent, ſi les rameaux , ou les ouvriers ne ſont pas prêts , ou à portée de l'attelier. Il y a un moyen cependant de ſe donner du répit, en couchant ſur différens endroits des tables ce qu'on peut trouver de rameaux , quelque longueur quelque forme qu'ils ayent ; lorſqu'ils ſont bien garnis de Vers , on les place tout debout dans quelque coin de l'appartement ; & l'on ſe donne par-là le loiſir de ranger artiſtement le reſte.

Il eſt extrêmement rare qu'il y ait tant de preſſe ; dans les cas ordinaires , on peut ouvrir une porte ou une fenêtre qui laiſſant entrer de la fraîcheur , tempérent la trop grande fougue des Vers & donnent au Magnaguier le tems de ſe reconnoître.

H 4

J'en ai connu un qui eut recours à ce dernier expédient, une année où la maturité étant survenue vers la fin du jour, il craignoit les accidens que peuvent causer des lumieres, lorsqu'en ramant pendant la nuit, on les place imprudemment trop près des rameaux. Il profita de la fraîcheur qui regnoit au-dehors ; il éteignit le feu qu'il faisoit & ouvrit une ou deux fenêtres : par ce moyen l'ardeur de ses Vers un peu ralentie, lui donna assez de répit pour ne se mettre à l'ouvrage que le lendemain matin.

Mais si la maturité étoit si générale & les Vers si bien prêts qu'ils se disposassent à monter en foule & presqu'à la fois ; il faudroit renoncer à dresser des cabanes & à ramer du tout ; on risqueroit de faire racourcir un trop grand nombre de Vers ; à moins qu'on n'eût assez de monde pour ramer chaque table en même-tems & à la fois. Dans ces occasions couvrez entierement vos tables de rameaux couchés par-dessus, que vous porterez ensuite lorsqu'ils seront bien chargés de Vers, par-tout où vous pourrez les poſer ou les appliquer debout : il n'importe guere que ce ſoit au grenier, dans un corridor, une montée, un belveder, &c. Les Vers à ſoie ainſi diſpoſés travailleront également bien quelque part qu'on les place.

De la Montée.

Les Vers à ſoie qui ſont mûrs & qui ne font pas mine de monter ſur le rameau, jettent dans de grandes inquiétudes le Magnaguier qui ſe voit à la veille de tout perdre, lorſqu'il comptoit de retirer le fruit de ſes dépenſes & de ſes ſueurs. Il doit cependant ſe raſsûrer s'il a fidelement ſuivi juſqu'à ce moment, les pratiques eſſentielles qui ſont détaillées dans ces Mémoires ; & voir ſi cette lenteur, ou ce refus ne viendroient pas, ce qui eſt ordinaire, de quelqu'une des intempéries que nous avons rapportées, pour y appliquer les remédes qui y ſont indiqués.

Mais nos Inſeĉtes font quelquefois

expofés pendant la montée, à une forte d'intempérie dont nous n'avons point parlé ; fçavoir , le Tonnerre, que les Magnaguiers redoutent extrê-mement ; parce que pendant qu'il gronde , non - feulement nos Vers font pareffeux à monter , mais plufieurs même de ceux qui ont grimpé fur le rameau, font culbutés à terre & n'ont plus la force de remonter ; ils s'accourciffent , ou s'il y en a quel-qu'un qui file , il ne fait que des chi-ques , c'eft-à-dire , de fort mauvais cocons.

Du bruit du Ton-nere pen-dant la montée. Les Magnaguiers ont de tout tems ac-cufé de ces chûtes le bruit du Tonnerre, ou la commotion qu'il produit dans l'air ; & cette opinion les a prévenus contre tout ce qui peut donner à l'air des fecouffes fortes ou fubites, capa-bles , felon eux , de faire rompre pour le moins le fil de nos ouvriers , d'in-terrompre leur travail & de leur faire gâter l'ouvrage. Ils écartent en confé-quence de leur attelier pendant la montée , toute forte de bruit trop fort ; & c'eft en leur faveur que dans les villes où il y a garnifon, on ne fait battre qu'un feul tambour pour la retraite & pour l'affemblée & que le jour de la Fête-Dieu on ne tire point le canon.

Il eft plus aifé d'éviter ou de détourner le bruit de ces inftrumens de guerre que celui du terrible météore dont nous parlons ; pour en détruire, ou pour en affoiblir l'effet, plufieurs Magnaguiers employent un moyen fingulier, qu'ils tiennent d'une tradition fort ancienne : ils oppofent au Tonnerre le bruit des pelles, des chauderons, des fonettes & tout le Charivari qui fert à arrêter la fuite d'un effaim d'abeilles.

Dans une occafion pareille, un Magnaguier de ma connoiffance fe fervit avec fuccès, difoit-il, d'inftrumens moins bruyants ; il fit jouer à force dans fon attelier, trois racleurs de violon, tant que dura le Tonnerre ; & les fileurs fenfibles à ces accords redoubloient d'attention au travail, aucun n'abandonna le rameau.

Ce plaifant expédient fe rapproche

d'avantage de celui de quelques anciens Auteurs, qui recommandent de
faire entrer plufieurs perfonnes dans
l'appartement des Vers & de les faire parler enfemble pendant que l'o-
rage dure.

On feroit porté à croire d'après
ces pratiques fingulieres, que de legers ébranlemens de l'air, caufés par
un petit bruit, avertiffent les Vers de
s'affermir d'avantage, ou de fe mieux
accrocher fur le rameau & que par ce
moyen ils font en garde contre de
plus fortes fecouffes, qui leur auroient
fait lâcher prife, s'ils avoient été pris
au dépourvû; c'eft ce que j'imagi-
nois d'abord pour expliquer un fait
qu'il falloit auparavant conftater.

Un Vers à foie fain & vigoureux
peut perdre l'équilibre fur le rameau,
par quelqu'accident, fur-tout fi les
cabanes font mal conftruites, ou faites de rameaux longs & flexibles &
trop appliqués fur le plancher de la
table; mais le fimple bruit quelque
fubit, quelque violent qu'on le fuppofe, n'occafionnera jamais fa chûte :

on peut en juger par l'effort qu'il faut faire, ou par la difficulté qu'il y a à détacher du rameau, ceux qui y tiennent déjà & encore mieux par l'expérience suivante.

J'avois des Vers à soie mûrs & prêts à filer; j'en appliquai une vingtaine sur les pieds de quelques rameaux; tandis qu'ils grimpoient, je me mis à battre vis-à-vis d'eux, sur une grande caisse de Tambour. Je battis long-tems & à grands coups de baguettes, tout en retentissoit dans l'appartement; aucun des Vers de mon expérience ne fit mine de s'appercevoir seulement de ce tintamarre; ils poursuivoient tranquillement leur chemin & ne parurent pas plus troublés que si je leur avois chanté une chanson.

Le lendemain quelques-uns de ces mêmes Vers avoient déjà formé la premiere gase de leur cocon; d'autres jettoient les fils de la bave; il y en avoit enfin qui étoient sans rien faire, quoique perchés comme les autres : j'en appliquai de nouveaux au pied des mêmes rameaux, comme le

Expériences sur le bruit pendant la montée.

jour précédent & qui étoient tout aussi mûrs ; je repris brusquement mes roulades sur la caisse ; mes Vers bien-loin de tomber , paroissoient plus animés , les uns à gagner le haut du rameau , & les autres à filer.

Je fis plus ; pendant les roulades , on tira à deux pieds des rameaux & un peu de côté , un coup de pistolet bien chargé ; j'avois l'œil sur mes Vers ; aucun de ceux qui montoient , ne fut pas même ébranlé de cette violente secousse ; ceux qui filoient ne se détournerent pas & je vis le lendemain que tous avoient bien travaillé ; que leur cocon étoit entierement formé , sans qu'il parût que le fil fût rompu , ou au moins , que l'ouvrage eût discontinué.

Après cela on conviendra , je crois, que le bruit d'une caisse , dans le cas rapporté , est plus sensible, ou produit de plus forts ébranlemens dans l'air que celui de six de ces mêmes instrumens , dans un éloignement de vingt-cinq à trente pieds, sur-tout lorsque ce dernier bruit, qui est passager, est émous-

fé par l'interpofition des mûrs & des
volets de l'attelier il faut en dire autant
du coup de Piftolet, comparé à celui
du canon ; ainfi ce n'eft ni un bruit
quelconque , ni celui du Tonnerre ,
qu'il faut accufer des accidens dont
nous avons parlé : on ne doit s'en
prendre qu'à la qualité dont l'air eft
affecté pendant les tems d'orage ; qualité que nous avons ci-devant connue
fous le nom de Toufe : les exhalaifons
fulphureufes dont l'air eft alors chargé, le rendent moins propre aux fonctions vitales de nos Infectes plus fenfibles de beaucoup , que les autres animaux aux bonnes , ou aux mauvaifes
impreffions de l'air ; ils en deviennent
languiffans; c'eft par défaillance qu'ils
tombent du haut du rameau ; ils ne
font dans cet état que foiblement accrochés & la moindre chofe eft capable de les jetter par terre.

Le feu clair, ou de flamme dont nous
avons vû ailleurs les bons effets eft
encore ici un bon préfervatif : il ne
faut pas attendre pour en faire , que
l'orage fe foit déclaré par les Eclairs

Préfer-
vatif
contre
les ora-
ges pen-
dant la
montée.

& le Tonnerre ; car alors une bonne partie du danger eſt paſſé ; ces météores détruiſant à meſure qu'ils paroiſſent la cauſe du mal , par l'inflammation des exhalaiſons qui en ſont la matière.

Il faut auſſi fermer de bonne-heure, ou lorſque le tems ſe couvre , les portes & les fenêtres , ſi l'on les avoit auparavant ouvertes pour donner de la fraîcheur à l'appartement ; mais je ſuppoſe qu'en bouchant tout , il y ait beaucoup d'eſpace vuide au-deſſus des tables ; ou bien, des échapées pour la chaleur , qui ſeroit plus fatale encore à nos fileurs pendant l'orage ; elle les jetteroit dans la muſcardine , ſi elle étoit quelque-tems renfermée. Au défaut d'échappemens & d'une hauteur ſuffiſante , il faudroit tout ouvrir, faire peu de feu & beaucoup de parfums.

Les parfums des plantes odoriférentes , telles que le Thim, la Lavande & le Romarin , celui de la poudre à canon, de l'Encens , du Benjoin , du Storax & même des reſines les plus communes , ſont un excellent moyen

Effets des parfums.

pour

pour corriger l'air gâté par les exhalaisons ; outre qu'ils le ressuyent en
partie, l'acide qu'ils contiennent détruit les alkali dont l'air est chargé ,
en se joignant intimement à eux : c'est
par-là que les parfums ôtent la principale cause de la corruption de l'air &
des humeurs des animaux. On peut
ajouter pour nos Insectes en particulier, que ces parfums fortifient leur
peau & qu'ils réveillent par de legéres
irritations ceux qui seroient engourdis
ou paresseux à filer. (a)

Si l'on n'a rien à craindre des Orages
pendant la montée , mais seulement
de la chaleur de l'atmosphére accompa-
gnée de calme, il faut ouvrir du coté
d'où la fraîcheur peut venir & faire
quelque leger parfum pendant les deux
ou trois premiers jours que les Vers

(a) C'est tout ce que les parfums peuvent
produire : mais les donner , & celui du storac
en particulier , pour un reméde infaillible
contre toutes les maladies , & qui dispense
de tout autre soin, comme on l'avance dans
un ouvrage imprimé depuis peu d'années ,
c'est, pour ne rien dire de plus, une assertion
très hazardée.

III. Partie   I

font après à filer ; & même pour ne pas enfumer la bave des cocons, ce qui les déprife auprès des marchands ; on peut fe contenter de la vapeur du vinaigre qu'on jette de tems à autre fur une pelle ou une brique chaude. Les Magnaguiers font plus de cas du jambon frit à la poële ; parce qu'en livrant de bon cœur à leur bétail la vapeur qui s'en exhale, ils ont dequoi fe régaler de ce qui refte de plus grof-fier.

On a dû comprendre par ce qui a été dit jufqu'ici, que la température la plus favorable pour la montée , comme pour toutes les autres circonf-tances de la vie de nos Infectes, c'eft lorfque l'air eft fec , le ciel pur & ferein & que la chaleur eft tempérée par un leger vent de bife , qui ranime nos Infectes dans tous les tems ; fi ce vent étoit froid au point d'engourdir ceux qui y feroient expofés & d'arrê-ter le filage, il ne faudroit pas craindre de faire du feu , fous prétexte du péril qu'il y auroit de brûler le poil des co-cons. Je me trouvai une année dans

le cas d'en faire : j'avois été dans la
néceffité de loger une partie de mes
Vers dans un galetas, où la bife les
détournoit de leur travail ; je fis de
grands feux aux quatre coins , à cinq
ou fix pieds des tables ; cependant les
cocons que je recueillis , fe dévidérent
jufqu'au bout dans la baffine ; ils rendirent beaucoup & le marchand eut à
fe louer de la qualité de la foie.

On diminue la dofe des petits repas
jettés fous les cabanes , à mefure que
les Vers montent ; l'on ne jette enfin
que quelques feuilles çà & là & quand
la moitié , ou les deux tiers ont gagné
le rameau , on double les rangs ; ou
plutôt , de deux cabanes , on n'en fait
qu'une ; pour avoir plutôt fait en jettant la feuille & pour n'en fervir que
ce qu'il faut.

Lorfque le gros de la troupe a
quitté la litiere & pris la derniere
bouchée de feuille pour gagner les
rameaux , les Magnaguiers couvrent
les bords des cabanes avec du feuillage , ou du papier appliqué par-deffus ;
foit pour procurer aux Vers qui y fi-

lent une obſcurité qu'ils ſemblent rechercher , où de nouveaux points d'appui pour établir l'échafaudage du cocon & pour les préſerver eux-mêmes des chûtes. C'eſt par-là que ſe terminent les ſoins qu'on donne aux cabanes. Enfin trois ou quatre jours après la premiere montée, on retire de deſſus la litiere tout ce qui a été trop tardif à grimper ſur les rameaux ; & c'eſt ce qu'on appelle, févrer, vulgairement , *deſmama* les Vers à ſoie.

Tems où l'on févre les Vers à ſoie des cabanes.

On voit l'analogie de ce terme avec la litiere des cabanes que les Magnaguiers diſent être la nourriciere des Vers à ſoie. Ceux qu'on févre , ou qu'on retire pour la derniere fois de la vieille litiere , ſont trop foibles ou trop engourdis pour monter ſur les rameaux : on les met à portée de filer, ſans qu'ils ayent beſoin de chercher long-tems une place convenable, & ſans courir les riſques de tomber de bien haut. On arrange pour cet effet dans quelque coin de l'attelier , ſur une table , ou à terre des toufes de lavande , des broſſailles , ou des copeaux de menufier fur lefquels on répand ces Vers languiffans qui trouvent dans le moment à fe loger pour filer à leur aife.

S'il ne reftoit qu'une petite quantité de ces Vers fevrés, on les obligeroit plus fûrement à travailler, en les logeant chacun dans un cornet de papier : j'ai éprouvé que tel qui n'eût rien fait, s'il eût été dans une place trop large, ou peu commode où il n'auroit pû amarrer fes fils tout au tour qu'avec peine, fait un cocon bien conditionné, dans un cornet, ou dans des copeaux roulés.

L'efpéce de ramage bas, où l'on place ces Vers impotens, eft-ce qu'on appelle *l'Hopital* ; leur langueur, ou la difficulté qu'ils ont à monter & à filer eft occafionnée, ou par un relâchement de la peau, ou par ces déjeftions liquides & vifqueufes, que les Vers qui font fur le rameau, répandent avant de filer fur ceux qui font audeffous ; cet excrément venant à fécher fur la peau de ces derniers, en roidit les fibres & leur ôte la liberté des mouvemens.

I 3

Rien n'eſt plus efficace pour rétablir ces Vers invalides que le bain
d'eau fraîche après les y avoir fait
dégorger pendant une minute , on les
porte au ſoleil pour les ſécher & les
dégourdir : dès qu'on les voit un peu
animés, on les place à l'hôpital où la
plûpart ſe mettent à filer , s'ils ont
ſuffiſamment de chaleur. La fraîcheur
de l'eau donne du ton aux fibres lâches de la peau & aide par-là à la
contraction néceſſaire pour exprimer
la gomme des vaiſſeaux qui la contiennent. C'eſt ce que nous allons un
peu plus développer , dans une petite
théorie du filage du Vers à ſoie par
où nous terminerons ce qui regarde
ſon éducation.

Du filage ou de la Fabrique du Cocon.

Nous avons vû ailleurs la gomme
du Vers à ſoie ſe convertir en un fil
très délié & acquérir preſque ſur le
champ par le ſimple contact de l'air
une conſiſtence ferme , qu'il n'eſt plus
poſſible de ramollir au point , de fai-

re retourner le fil en une gomme qui fût de nouveau ductile. Ce fil ne féche pas cependant tout en entier ; il conferve un inftant à fa furface une légére ténacité, qui le fait attacher fur les corps où le Ver l'applique ; c'eft ce qui lui donne la facilité de tiffer fon étoffe, ou de coller les brins du cocon l'un fur l'autre, à des diftances plus ou moins courtes ; ce qui rend le tiffu du cocon plus ou moins grenu, plus ou moins lâche. Ne pourroit-on pas conjecturer que lorfque le Ver file par un tems ferein, il fait ces attaches de près-à-près ; de peur que le brin féche trop-tôt & qu'il les fait au contraire de loin-à-loin, dans les tems humides où le defféchement qui fe fait plus tard, lui donne plus de loifir pour filer & pour coller : & que c'eft l'origine de ces cocons appellés *fatinés* ou *veloutés*, qui font un défaut dans les cocons & que les marchands rebuttent pour cette raifon.

Cette vifcofité extérieure du brin de foie, eft la feule chofe que l'eau tiede ou chaude y puiffe détremper, lors

I 4

qu'une fois il est sec ; comme il arrive aux cocons qu'on file, ou plutôt
qu'on dévide (*a*) dans la bassine de
nos tours à filer ; les brins reprennant
leur premiere viscosité, vont se coller l'un sur l'autre sur les cornes de
la roue à dévider, dans les tours qui
vitrent & qui sont mal construits.

Si la glu de la surface du fil, ne
pouvoit pas plus se détremper, que
le corps du fil lui-même, il ne seroit pas possible de filer le cocon,
qui ne seroit bon tout au plus que
pour faire des fleurs artificielles. Mais
si d'un autre côté, le fil de soie sé-
choit d'abord à sa surface en sortant
de la filiere ; le Ver à soie ne sçau-
roit filer son cocon & se délivrer de la
gomme qui en est la matiere : il faut
pour cette manœuvre, qu'il puisse coller le brin dans différens points de
sa longueur. Au moyen de ces points

(*a*) Le Vers à soie en faisant le cocon
envide ou pelotonne son brin de soie sur une
surface concave ; & nous le dévidons en-
dehors en-dessus la partie convexe du cocon,
ce qui est bien plus aisé.

fixes, le Ver retire la tête en arrie-
re & le brin ou le fil allonge d'autant.

Cela ne suffit pas encore : les vaiſſeaux gommeux ſont longs & tortueux ; le Ver auroit beau filer, s'il
n'y avoit une force qui obligeât la
matiere du fil à refluer, des extrêmités de ces vaiſſeaux vers la filiere ;
le filage feroit bien-tôt arrêté, ſans
que la proviſion de gomme fût épui-
ſée. Ce reflux s'opére par la contraction de la peau, qui augmentant par
degrés, preſſe tous les viſceres & en
particulier celui de la gomme : voici
en peu de mots la mécanique & les
degrés de cette preſſion.

Nous avons vû que le Ver en ſe
vuidant tout-à-fait des excrémens
groſſiers & du crotin, rapetiſſoit dans
toutes ſes demenſions ; le boyau ra-
petiſſe de même & demeure plein
cependant, de la liqueur gaſtrique,
dans laquelle nageoit la pâte de la
feuille. Les reſſorts de ſa peau acquiérent par ce moyen plus de force en
diminuant de volume ; cette force ac-

crûe preffe au bout de quelque tems
le boyau qui élançant au-dehors toute la liqueur qu'il contenoit, s'appla-
tit d'abord après (*b*) ; le Ver rapetiffe de nouveau par cette vuidange ; la
peau prend une nouvelle contraction,
qui s'exerce fur la lymphe, ou l'humeur
jaune dont toute la cavité intérieure eft remplie & les vifceres tout en-
tourés : cette humeur en contre-ba-
lançant l'effort continuel du mufcle
de la peau , devient elle-même un
poids, qui preffe également de toute

(*b*) Ce boyau qui ne fait d'abord que s'ap-
platir , fe détache de l'anus dans la fuite &
va fe ramaffer vers fon attache fupérieure ,
en un petit peloton qu'on retrouve enfuite
fous la tête du Papillon , à qui un pareil
vifcere devient inutile, n'ayant aucun organe,
comme certains Papillons des champs , pour
prendre de la nourriture. Les membranes vuides des vaiffeaux gommeux font trop déliées,
pour qu'on puiffe les bien diftinguer dans le
papillon : la capacité de fon abdomen eft par-là
affez débarraffée pour pouvoir fe remplir ,
entierement des œufs de l'ovaire , dont on
apperçoit déjà dans le Ver les premiers
Elémens.

part les vaisseaux gommeux ; & force
peu-à-peu la gomme, déjà préparée,
à refluer vers la filiere, par où elle
peut s'échapper.

Le Vers à soye est par-là obligé de
se mettre à l'œuvre & à filer, tant
que la pression dure ; & il ne cesse de
le faire, s'il se porte bien & si quelqu'accident ne l'arrête, que lorsque
le réservoir est vuidé : il rapetisse toujours à mesure, non-seulement par
l'écoulement de la gomme, mais encore par la transpiration des humeurs qui
ne sont plus remplacées ; la contraction de la peau qui le fait accourcir
subsistant toujours, ses anneaux se rap-
prochent au point, qu'il perd la fle-
xibilité nécessaire, pour ramener son
fil de haut en bas & par les côtés ;
mais quand il en est venu là, il est
au bout de sa tâche & de ses matériaux.
Il se dépouille de sa cinquiéme & derniere peau de ver, par une mécanique
toute différente de celle des autres mues ;
ses anneaux très rapprochés, se raccor-
nissent ; & c'est sous cette dernière
peau écailleuse, que se forme un ani-

mal d'un ordre différent, c'eft-à-dire ;
la chrifalide, ou les élémens du papillon qui en doit éclorre.

Une fois que les Vers à foie font
fevrés, l'éducation eft finie ; & avec
elle, les travaux & les inquiétudes qu'elle entraîne, le Magnaguier à gages
prend congé & laiffe à d'autres le foin
de *déramer*, d'*étouffer* les cocons, de
choifir ceux qu'on deftine pour la graine & enfin de faire *éclorre* & pondre
les Papillons. Nous allons parcourir
ces cinq articles, pour fuivre le cer-
cle des différentes formes de notre Infecte, ou celui des foins qu'il exige :
nous l'amenerons au point d'où nous
fommes partis, pour guider jufqu'au
bout les Lecteurs que nous nous fommes propofés d'inftruire.

Du tems où l'on dérame les cocons.

Le Vers à foie n'emploie que trois
ou tout au plus quatre jours à la Fabrique de fon cocon, depuis qu'il a
jetté les premiers fils de la bourre qui
l'enveloppe, mais parmi ceux d'une mê-

me claffe & d'une même cabane, il y
en a qui fe mettent plus tard que les
autres à l'ouvrage, pour fi bien qu'ils
ayent été affortis : c'eft pour cela qu'on
attend pour déramer à la fois une
claffe, deux ou trois jours après, que
les plus pareffeux ont formé le cocon ; ce qui va en tout à une douzaine de jours, depuis que les plus
diligents ont monté fur le rameau.

Ce n'eft pas qu'on ne pût prévenir ce tems pour déramer fimplement,
ou déplacer les rameaux, fans en détacher les cocons, fi l'on avoit des
raifons pour le faire ; & cela, fans
rifque de détourner les Vers, qui feroient encore à l'ouvrage. J'ai effayé
de détacher du rameau, des cocons
qui n'étoient qu'ébauchés & à travers
lefquels on appercevoit l'ouvrier, qui
ne laiffoit pas pour cela d'achever l'ouvrage & de l'amener à fa perfection : à
plus forte raifon peut-on tirer les rameaux des cabanes, fans rien craindre
pour les cocons, qui ne feroient pas
encore achevés.

Cette obfervation peut avoir fon

application dans les cas , où il s'agi-
roit de mettre les cocons à l'abri ; foit
de la pluye , qui venant à tomber à
travers une tuile fêlée , les gâteroit ;
foit des Rats & des Souris , qui les
percent pour avoir la Féve : il n'y a
pas de doute qu'on ne pût, fans inconvénient , enlever les rameaux & les cocons avec, pour les porter ailleurs par
braffées , fans trop fe gêner pour les
arranger.

Il eft à propos de ne pas paffer le terme de dix à douze jours , pour déramer & pour détacher les cocons du
rameau , fi l'on fe propofe de les vendre;
autrement , il y auroit de la perte ,
par la diminution qui fe fait de jour
en jour fur le poids , à mefure qu'ils
féchent : au lieu que fi l'on fait filer
foi-même , il fuffit de prévenir le tems
où le papillon pourroit éclorre , en
perçant le cocon ; ce qui rendroit ce
dernier inutile pour le filage. Ce tems
eft plus ou moins reculé , felon la chaleur qu'il fait ; lorfqu'elle eft long-tems
au vingt-deux ou vingt-quatre degré
du Thermométre , il ne faut pas paffer

une douzaine de jours (*d*) après qu'on
a déramé, ou vingt-quatre après la
montée, pour faire perir les Féves ou
étouffer les cocons & se donner par
ce moyen, tout le tems nécessaire au
filage.

Méthodes pour étouffer les Cocons.

On étouffe les cocons, ou la féve
qu'ils contiennent, au moyen d'une

(*a*) J'ai prolongé jusqu'à un mois la naissance des Papillons, en gardant les cocons
dans une cave fraîche ; il y a du profit à
employer au filage cet intervalle, c'est-à-dire,
de filer les cocons de bonne-heure & avant
de les étouffer ; ils donnent une plus belle
soie, qu'on file plus aisément dans la bassine :
de plus, on les file à une moindre chaleur ;
il suffit de l'eau tiede pendant les deux ou
trois premiers jours qu'on a déramé : or les
Féves ne périssant qu'à l'eau chaude, on peut
encore faire servir à la ponte les Papillons
qui viendront de celles-ci. Il faut plus de chaleur à l'eau & une plus grande consomma-
tion de bois pour les cocons étouffés, sur-
tout à mesure qu'ils vieillissent, ou qu'on
tarde à les filer ; parce que la cole, ou la glu
qui lie les brins l'un à l'autre, acquiert tous
les jours plus de ténacité.

chaleur, dont il faut connoître la durée ou l'intenfité : fi el.e eft trop forte & qu'on étouffe au four, le moindre inconvénient qui en arrive, c'eft qu'on perd beaucoup de foie au filage ; elle n'eft pas même aufli luftrée & elle demande p'us de feu pour la filer : fi au contraire la chaleur eft trop foible , on a .e défagrément de voir éclorre des papillons & des papillons prefque tous mâles ; les femelles qui auroient un peu dédommagé , par la graine qui en feroit provenue , périffent dans le cocon ; elles n'ont ni la vigueur ni la vivacité des mâles pour réfifter à la chaleur ou pour percer : elles percent cependant à demi , en forte que le cocon après avoir fait quelques tours dans la baffine du filage , tombe au fond & ne peut p'us filer.

Il eft donc important d'étouffer à propos les cocons : nous avons deux façons de le faire ; l'une au four , l'autre à la vapeur de l'eau chaude.

Je ne m'arrête point à celle des Chinois , qui au rapport de quelques miffionaires, confifte à ftratifier les cocons,

ou

ou à les mettre par couches alternatives, avec du fel & des feuilles de Nénuphar, dans de jarres qu'on bouche exactement.

On étouffoit auffi autrefois les cocons en Europe, en les expofant fimplement pendant cinq jours au foleil. J'ai éprouvé qu'il falloit bien moins de tems pour faire perir la féve, & qu'une expofition d'environ trois heures à un bon rayon de foleil fuffit, lorfque la chaleur directe de cet aftre, fait monter la liqueur du Thermométre à quarante, ou quarante cinq degrés au deffus de zero.

Le foleil décolore en moins d'une heure tout le côté du cocon orangé qui lui eft tourné ; ce qui eft, au fond, affez indifférent ; puifque les cocons fe décolorent de même, foit dans l'eau chaude de la baffine où on les file, foit dans les façons ordinaires d'étouffer : le feul inconvénient de celle-ci c'eft de traîner trop long-tems & d'être impraticable dans des tems couverts, ou à de foibles rayons de foleil ; outre que, les rayons même les plus ardens font infuffifans pour étouffer tous les

III. Partie   K

cocons également , fi l'on n'a foin de les retourner de tems à autre & de les bien éparpiller.

Nos deux méthodes d'étouffer , foit au four , foit à la vapeur de l'eau chaude , font plus courtes , plus expéditives ; mais la premiere demande plus de précautions que l'autre.

On étouffe plus communément au four des Boulangers , en y plaçant les cocons dans de grandes mannes , plus longues que larges & d'environ huit pouces de profondeur , qu'on tapiffe en-dedans de gros papier dont on recouvre même les cocons par-deffus , pour arrêter les coups de chaleur qui pourroient rouffir, ou griller ceux qui font plus expofés.

Différens effais m'ont appris que la vraie chaleur pour étouffer au four, eft celle du quatre - vingtième degré du Thermométre, ou celle de l'eau bouillante : les cocons prennent à-peu-près ce degré & ne rifquent pas d'avoir trop de feu, lorfqu'on les met au four deux heures après qu'on en a tiré le pain & qu'on les y laiffe environ une heure; ou bien, en les y plaçant une heure après le pain tiré & pendant l'espace de demi-heure.

Pour s'asûrer de ce degré, que les cocons ne prennent que peu-à-peu, il n'y a qu'à avancer la main dans la gueule du four ; si l'on peut l'y tenir l'espace d'un *Ave Maria*, ou pendant quinze ou vingt secondes, il n'y a rien à craindre pour les cocons. Quoique l'entrée du four où l'on porte la main, soit plus chaude que le fond ; cependant lorsque le four est ouvert, la chaleur n'y est pas au degré de l'eau bouillante ; puisqu'on y tient impunément la main pendant quelques instans : tout le four acquiert en peu de tems ce degré lorsqu'il est fermé.

Les féves périroient toutes immanquablement dans deux ou trois minutes à cette chaleur ; & les femelles, qui ont moins de vie, y périroient même en moins de tems, si les cocons étoient assez étendus, ou éparpillés pour être rangés sur une ou deux couches à côté l'un de l'autre ; au lieu qu'étant entassés à la hauteur de huit à neuf pouces , la chaleur ne pénétre au milieu du tas que fucceffivement ; en forte que les féves, qui s'y trouvent placées , font en vie, tandis que celles de la furface, ou du deffus de la manne font mortes.

Les cocons font fuffifamment cuits, lorfqu'en retirant les mannes au bout du terme que nous avons marqué , on trouve que la vapeur qui s'eft élevée du corps de la féve , a non-feulement terni la couleur des cocons, partout jufqu'au centre du tas, mais qu'elle les a humectés (*b*) au point de les ramollir comme de la chiffe. Pour plus de sûreté , on couvre la manne au fortir du four avec une couverture de

(*b*) L'humidité qui s'excite de la Féve, ou Chryfalide , garantit les Cocons du deffus de la manne , qui rifqueroient fans cela de trop fe deffécher & d'être dégradés ; ce qui arriveroit , fi l'on les laiffoit au four trop longtems , ou jufqu'à ce que l'humidité s'en fût entièrement évaporée ; la chaleur agiffant alors fur eux immédiatement , deviendroit trop forte ; la vapeur la tempére & l'empêche , tant qu'elle dure , de paffer au-delà du degré de l'eau bouillante.

laine, jusqu'à ce que tout soit entierement refroidi.

Ceux qui font apprentifs dans l'opération dont je viens de parler, font très-bien d'y aller au commencement à tâton, jusqu'à ce que l'expérience les ait instruits : c'est pour cela qu'après avoir mis les cocons au four avec les précautions ci-devant indiquées, si l'on craint qu'ils y demeurent ou trop, ou trop peu, on s'approche de la porte du four ; si l'on entend un bourdonnement sourd que font les féves en s'agitant, il est évident qu'elles ne font pas mortes : & lors même qu'on n'entend plus rien on prend du milieu du tas deux ou trois cocons qu'on éventre avec des cizeaux, pour s'assûrer encore mieux si la féve est en vie.

La seconde maniere d'étouffer les cocons usitée en Chine, dans quelques endroits d'Italie & qu'on a introduite depuis quelques années dans nos cantons, est aussi expéditive que la précédente, demande moins de précautions & n'est pas sujette à de fâ-

Maniere d'étouffer les cocons à la vapeur de l'eau chaude.

cheux inconvéniens. Elle confiste à expoſer les cocons à la vapeur de l'eau
chaude ou bouillante, ſur une chaudiere, ou un grand chaudron de cui-
ſine, poſés ſur un fourneau, dont les
joints avec la chaudiere, ſoient bien
bouchés ; pour que la flamme & la
fumée ne s'échappent que par la porte du fourneau. L'eau de la chaudiere doit y laiſſer un vuide de ſept à
huit pouces, dans lequel on place,
ou un crible d'écliſſe, ou un rezeau
tendu aux bords d'un cerceau, qui
ſoient faits de meſure avec l'évaſe-
ment de la chaudiere, pour qu'ils n'enfoncent pas, ou que les cocons dont
ils ſeront chargés, ne touchent pas
l'eau bouillante.

Le fourneau une fois en train, on
remplit le rezeau de cocons, autant
que le vuide de la chaudiere peut le
permettre ; on couvre le deſſus ou
l'ouverture de celle-ci avec quelques
ais joints enſemble, ſur leſquels on
jette une couverture ou des haillons
pour boucher tous les paſſages par où
la vapeur s'échapperoit. Cette vapeur

ainsi retenue, prend à peu de chose près, le degré de l'eau bouillante & brûle-roit la main qui s'y exposeroit impru-demment : il suffiroit de cinq minu-tes pour y étouffer les cocons simples ; on en met deux de plus pour les dou-bles, dont le tissu plus épais, est plus difficilement pénétré par la chaleur.

S'il n'y avoit rien qui pressât, on pourroit laisser plus long-tems & sans risque les cocons sur la chaudiere & les y oublier ; l'eau bouillante ne pre-nant jamais au-de-là de quatre-vingt degrés de chaleur, quelque feu qu'on fasse, & celle même qui va à gros bouillons, n'étant pas plus chaude que celle qui ne fait que frémir. On char-ge donc de sept en sept minutes la chaudiére ou le rezeau, de nouveaux cocons ; l'on met sécher sur des ta-bles ceux qu'on en retire : l'ouvrage avance & un enfant d'une adresse & d'une force médiocre suffit pour s'en acquitter.

Du choix des cocons de graine.

Avant d'étouffer les cocons, on a dû mettre à part ceux qu'on appelle, cocons de graine, l'espérance de l'éducation prochaine de laquelle on ne peut aussi bien s'assûrer, que quand on a soigné soi-même la ponte des papillons, qui doivent éclorre de ces cocons & que ces soins ne se feront étendus que sur une ponte médiocre. Les marchands de graine qui destinent à ce trafic un, ou plusieurs quintaux de cocons, livrent rarément aux particuliers de la graine sur laquelle on puisse compter.

Pour sçavoir à peu de chose près la quantité de graine qu'on recueillera, ou les cocons qu'on doit mettre à part, pour la quantité déterminée de graine qu'on se propose d'avoir, on s'arrange d'après la proportion suivante ; sçavoir, que les papillons provenus d'une livre de cocons, poids de table, pondent environ [a] une on-

_____

(a) Quelque attention qu'on ait de faire pondre les Papillons dans un endroit frais,

ce de graine, tantôt plus, tantôt moins ; felon la fécondité de la fémelle & d'autres raifons que nous rapporterons plus bas.

On fuppofe dans ce produit, qu'il y a au moins autant de papillons fémelles que de mâles : fi le nombre de ces derniers eft inférieur à l'autre, on fait fervir le même mâle à deux accouplemens & l'on fe dédommage par cette polygamie, à laquelle l'on n'a cependant recours que dans la néceffité.

On a crû depuis long-tems qu'il y avoit un moyen de fe procurer cette égalité de nombre dans les deux fexes, & de les reconnoître à la forme du co-

Du fexe des féves renfermées dans les cocons.

(où ils produifent certainement plus que dans celui qui feroit chaud) j'ai toujours remarqué, qu'après une ou deux années d'abondance de graine, il y en a une où les Papillons pondent beaucoup moins, & c'eft même ordinairement l'année ou l'éducation réuffit beaucoup mieux. Dès-qu'on peut s'appercevoir de cette difette, il faut faire de bonneheure fa provifion de graine, qui autrement, devient fort chere, à la veille du tems où l'on met couver.

con qui les cache. Il n'y a qu'a prendre, dit-on, autant de cocons mouſſes
ou arrondis d'un ou des deux bouts,
que de ceux qui ſont pointus de tous
les deux : les premiers contiennent des
femelles & les autres des mâles.

Rien n'eſt ſi incertain que ces ca-
racteres je n'avois choiſi pour ma graine, il y a quelques années, que des
cocons de la premiere eſpéce & j'eus
cependant à-peu-près autant de mâles
que de femelles : je dis, à peu près
autant, car quelque choix qu'on faſſe,
il y a des années où le nombre des fémelles qui écloſent d'une quantité déterminée de cocons, excéde celui des
mâles ; (b) & réciproquement pour ceux-

(b) J'ai diſſéqué un grand nombre de Vers
à ſoie, à la freze du dernier âge où l'on diſ-
tingue mieux leurs viſceres ; je leur ai trouvé
à tous, ſans le ſecours de la loupe, un ovaire,
ou un filet avec de petits nœuds qui ſe touchent & qui le font reſſembler à un chape-
let, avant que ces nœuds ſoient devenus des
œufs. Ce fil délié nâge dans la cavité générale où ſont les autres viſceres ; laquelle eſt
remplie de cette lymphe jaune, dont j'ai parlé
ailleurs, qui ſert probablement à nourrir &

ci , dans d'autres années : car il n'en
eft point de ceci comme de l'efpéce hu-
maine , où l'on a obfervé , qu'il naît

à faire groffir les œufs , ou la graine qui eft
de la même couleur à la ponte : de plus , ce
fil à nœuds eft difpofé dans le Ver , tout comme l'ovaire dans le Papillon , c'eft-à-dire , en
plufieurs zig-zags , dirigés de haut en bas &
dont les replis fupérieurs font adhérans aux
vaiffeaux gommeux ; ces vaiffeaux deviennent
dans la fuite un fil de fufpenfion , lorfque l'o-
vaire devenu plus pefant , remplit le vafte
abdomen du Papillon.

Le hazard m'auroit-il toujours fait rencon-
trer dans mes diffections , des Vers à foie
femelles & point de mâles ? (Car c'eft où j'en
voulois venir) tandis qu'on rencontre à-peu-
près autant des uns & des autres dans les cocons où le Ver fe transforme en Chryfalide
& en Papillon ; j'ai peine à le croire : Nos
Infectes auroient-ils donc à la fois dans l'état
de Ver , les premiers organes de la génération qui doivent fervir aux deux fexes ? c'eft
ce qu'il eft difficile de découvrir , vû la pe-
titeffe de ces parties , qui outre cela , venant
à fe contracter & à s'accourcir par la diffec-
tion , perdent leur forme ; d'ailleurs elles font
fi fort mêlées avec la partie fpongieufe ou
peluchée de la peau , qu'on n'y fçauroit rien
diftinguer.

toujours plus d'individus d'un sexe que d'un autre ; parmi nos papillons, il n'y a rien de constant là-dessus : ainsi l'on pourroit prendre les cocons de graine à l'aventure sur le tas , si l'on ne devoit avoir égard qu'au sexe des papillons : mais il y a un choix à faire, 1°. pour la chambrée , d'où l'on tire les cocons destinés à la graine, 2°. pour les couleurs , dont - on fait plus de cas. 3°. pour la taille, le poids, la forme & les autres qualités des cocons, & de ceux entre autres qu'on appelle peaux , & enfin pour les doubles. Nous allons reprendre par ordre chacun de ces articles.

Si l'ovaire qui caractérise les femelles, se rencontre indistinctement dans tous les Vers à soie, il est certain qu'il s'oblitére dans les Papillons mâles , c'est-à-dire, dans ceux que certaines circonstances , que j'ignore, déterminent à ce sexe , plutôt qu'à l'autre. Les nouvelles découvertes ont aguerri les Naturalistes sur cette sorte de paradoxe. Plus on étudiera la Nature , plus on trouvera que ses prétendues loix qui passoient pour les plus constantes ; souffriront souvent des exceptions.

En premier lieu la chambrée. Quoi-que je ne pense pas que les maladies des Vers à soie se transmettent d'une gé-nération à l'autre par la graine ; & que je sois persuadé que les changemens en bien , ou en mal qui y arrivent, dé-pendent uniquement de la sorte d'édu-cation qu'on donne aux Vers ; on fait très-bien cependant de ne choisir ses cocons de graine que dans les cham-brées qui ont bien réussi. Mais s'il y a quelque bonne influence à en attendre; c'est sur-tout de celles dont les Vers ont été plus hâtifs & plus prompts , soit dans les mûes, soit à la montée & au filage ; on doit se promettre que les papillons qui en viendront éclor-ront mieux & qu'ils jouiront d'une meil-leure santé , pendant le court espace de leur vie.

La différence des couleurs dans les cocons des Vers à soie est un caractè-re très équivoque & n'indique pas une espéce différente dans les Vers qui les ont fabriqués. Je ne connoîs que la petite espéce de Vers à soie de Benga-le , dont j'ai parlé ailleurs , qui fait

conſtamment un très petit cocon orangé. Les Vers à ſoie que nous élevons ,
dont les races ſe ſont mêlées depuis
pluſieurs ſiécles , donnent indifféremment des cocons de quatre couleurs ,
ſçavoir l'orangé , le blanc , l'incarnat
pâle & le verd-céladon. (c)

Ce qui prouve que la couleur du cocon , n'eſt pas un ſigne qui caracté-
riſe l'eſpéce , dans le Ver qui l'a filé ;
c'eſt que les Vers provenus de la graine
de deux papillons l'un mâle & l'autre
femelle ; éclos l'un & l'autre de cocons
blancs , produiront dans la ſuite des
cocons de toutes les couleurs précédentes : ce ne ſont donc que de ſimples
variétés , telles qu'en donnent certaines plantes, dont les fleurs prennent à

(c) On trouve rarement des cocons rouges.
Cette couleur eſt produite par une tranſuda-
tion de la Féve , morte d'une maladie parti-
culiere , que je n'ai pas eu occaſion d'obſerver
dans les autres maladies de nos Vers , les
humeurs deviennent noires en pourriſſant; elles
prennent dans celle-ci une belle couleur de
carmin qui teint tout le corps en-dedans &
qui paſſe au-dehors du cocon.

la fois différentes couleurs, fur des pieds différens; lefquels font cependant provenus de la femence d'un feul & même plant.

Ce que nous venons de dire de la couleur des cocons de graine, on peut l'appliquer à celle des Vers eux-mêmes : il y en a de trois couleurs ; les Vers à foie blancs, qui font le plus grand nombre, les noirs ou tigrés, & enfin les verds ou verdâtres, qui font extrê-mement rares. J'ai élevé à part des tables entieres de noirs, que j'avois triés fur toutes les autres; ils me firent des cocons de toutes les couleurs, parmi lefquels cependant les blancs domi-noient : il en fut de même des Vers qui provinrent dc ces derniers l'année d'après ; je triai de nouveau les noirs de cette feconde génération & j'eus un réfultat à-peu-près pareil au pre-mier. (d).

De la couleur des Vers à foie.

(d) J'avois toujours foupçonné que la cou-leur du cocon qui eft pareille à celle de la gomme dans le corps de l'animal, ne venoit que de la qualité des alimens, ou des accidens qui peuvent caufer des altérations dans les

Nous venons de voir que les cocons blancs qu'on recueille, dominent fur toutes les autres couleurs, lorfqu'ils proviennent d'une graine de cocons blancs ; ce rapport de couleurs eft plus fort de beaucoup pour les incarnadins & les orangés ; c'eft-à-dire, que les Vers que leur graine donnera, produiront encore plus des coçons de ces couleurs. On a donc raifon de choifir pour cocons de graine, les couleurs que les marchands eftiment le plus ; on peut être afsûré, fi l'on a choifi de ces derniers dont nous venons de parler, que le très grand nombre des cocons qu'on en recueillera, fera exactement de la même nuance.

Si l'on n'avoit égard qu'à la qualité & au prix de la foie on préféreroit

humeurs : l'expérience d'un particulier de ma connoiffance m'a confirmé dans cette idée : il élevoit dans deux appartemens différens des Vers à foie provenus de graine de même ponte & de même couvée : il eut beaucoup de cocons blancs dans l'un & prefque point dans l'autre ; le même particulier ayant mis couver de la graine provenue de Vers noirs, n'eut pas un feul Ver, m'affura-t-il, de cette couleur.

les

les cocons de graine blancs ; parce que
la foie de cette couleur qu'on file à part
& qu'on employe quelquefois dans les
Manufactures fans la décreufer, fe vend
toujours un peu plus que les autres :
mais on a remarqué que les Vers à
foie qui la produifent, ne font pas
auffi robuftes que les autres, ou qu'ils
ne réuffiffent pas auffi bien.

Après cette couleur, qui ne fe re-
produit pas auffi conftamment que les
deux fuivantes, les Marchands donnent
la préférence aux incarnadins, ou aux
cocons incarnat-pâle, qui originaire-
ment nous font venus d'Efpagne & dont
la foie eft plus luftrée, plus fine &
rend mieux au filage que celle des orangés, qui paffent pour être les pires de
tous ; quoique la foie des uns & des
autres prenne la même couleur au filage, ou dans l'eau chaude de la baffine & que leurs Vers réuffiffent également bien.

A l'égard de la taille des cocons, De la
les Marchands s'attachent avec raifon taille ou
aux plus gros, ou comme ils difent à groffeur
ceux d'une *grande forme*, qui rendent des cocons de
graine.

III. Partie.   L

proportionnellement plus de foie que les petits , parce qu'à poids égal des uns & des autres , les féves des derniers, plus nombreuses , péfent auffi d'avantage.

Mais s'il ne s'agit que de choifir des cocons de graine , leur groffeur ne tire pas toujours à conféquence , pour ceux qu'on recueillera ; elle dépend uniquement de l'éducation plus ou moins foignée. J'ai eu des Vers à foie qui venoient de cocons de graine affez petits & qui cependant m'en firent de fort gros ; & le contraire m'eft arrivé de même ; je ne parle que des efpéces, ou variétés que nous élevons plus communément ; car celle qu'on appelle la Milanoife, fait conftamment des cocons plus petits que les autres & on les diftingue à un léger étranglement qui les traverfe par le milieu.

Il paroît donc par ce que je viens de dire , que la taille eft une chofe affez indifférente pour les cocons de graine ordinaires : je confeillerois cependant , de s'attacher aux plus petites , pourvû qu'ils fuffent fufceptibles d'accroiffement par l'éducation ; ce n'eſt pas , parce que dans un poids déterminé de cocons , il y en a un plus grand nombre parmi les petits que dans les gros & par conſéquent plus de papillons & plus de graine ; car le nombre des papillons peut être compenſé par leur groſſeur ; mais c'eſt que les gros papillons femelles , plus lâches , & plus languiſſans , percent les cocons avec plus de peine que les petits , & lorſqu'ils ont percé , les forces leur manquent , pour pondre tout juſqu'au bout : quoiqu'ils contiennent beaucoup plus d'œufs que ces derniers , ils n'en pondent pas autant ; ce poids , énorme pour leur taille , les ſurcharge ; ils périſſent au milieu de leur carrière ; ou bien , ils tombent en défaillance dans le travail , pour peu de chaleur qu'ils reſſentent ; tandis que les petits papillons plus vifs , plus robuſtes , ſe vuident juſqu'au dernier œuf , s'ils ſont aidés par la ſaiſon.

En faiſant le choix des cocons de graine , on s'aſſûre en même-tems ſi la féve n'eſt point morte ou deſſéchée ; Du poids des cocons de graine.

L 2

ce qu'on reconnoît, soit à une humeur noirâtre qui les aura tachés, soit à leur légéreté, eu égard à leur volume ; & sur-tout, en les secouant un à un entre les doigts, pour les faire claquer auprès de l'oreille. La féve morte, si elle est collée au cocon ne fait aucun mouvement ; si elle est détachée, ou bien si le cocon contient un muscardin, ils rendent un son plus aigu, les coups en font plus secs que lorsque la féve est envie : la féve, ou le Ver morts, étant plus raccourcis, ont plus de jeu dans le cocon ; on sent qu'ils branlent dans un plus grand espace & le cocon est toujours plus leger.

De la graine des peaux. Les cocons de graine venant à être percés par les papillons, perdent à la vente plus de la moitié de leur prix & ne font plus bons qu'à faire de la filoselle : il y auroit donc du profit à ne mettre à cet usage que les cocons de rebut, appellés les *peaux* ; ou bien les cocons doubles dont la soie, toujours bouchonnée, (*e*) est fort au-dessous du

(*e*) La gomme qui devient soie au sortir de la filiere, comme nous l'avons dit, tend

prix de celles des cocons simples ; si d'ailleurs la graine de cette sorte de cocons,
ne nuisoit point à la réussite des Vers
qui en naîtroient ; il n'y a aucun doute
là-dessus , sur les doubles ; il n'en

à se crêper à son élasticité ; & elle resteroit
toujours crêpée , si avant qu'elle séchât , le
Ver ne la tendoit en la fixant dans différens
points du cocon ; j'en ai filé plusieurs aunes ,
en tirant le brin de la filiere du Ver : lorfque le brin rompoit , les deux bouts devenus
lâches , se crêpoient sur le champ , en se
pelotonnant en un bouchon. On peut de-là
rendre raison des bouchons qui déparent la
soie des cocons doubles : les deux Vers tra-
vaillant dans un même logement , qu'ils font
aussi étroit qu'ils peuvent , afin que la dépense
n'excéde pas leurs facultés , ne peuvent guere
éviter de se heurter quelquefois & de rompre le fil, ou de le faire lâcher avant qu'il
soit sec ; ce qui produit également des bouchons dans le brin. Ce défaut se rencontre
aussi dans les cocons simples , lorsque le brin
a séché n'étant point tendu : les fileurs de
soie ont remarqué que les soies ne bouchon-
nent pas lorsque la saison des Vers à soie a
été favorable ; c'est, parce que les Vers ont
travaillé rondement , sans être interrompus
par le froid, par les tems humides, ou ora-
geux qui lui auroient fait lâcher le brin.

L 3

est pas de même des peaux.

Les peaux & plus particulierement, l'espéce appellée *chiques*, sont des cocons foibles, mal étoffés qui se bossuent, ou qui s'enfoncent aisément sous le doigt pour peu qu'on les presse ; ce n'est quelquefois qu'une legére gase de soie qui couvre la féve ; toute la grace qu'on accorde à la graine de cette sorte de cocons, c'est de réussir tout au plus une premiere fois ; mais jamais au-de-là, ou dans une seconde génération. J'élevai une année des Vers à soie qui tiroient leur origine de graines des peaux, que j'avois fait pondre moi-même & qui me réussirent très-bien : & si l'on doutoit qu'une seconde ou troisieme éducation, tirée des peaux de la même famille, ne réussît pas de même ; je dirai qu'un Magnaguier très-digne de foi, m'a assûré qu'il tiroit depuis plus de quinze-ans ses graines, des peaux que lui rendoit sa chambrée, (car il y en a dans les meilleures) & qu'il en avoit toujours été très-content.

Si l'on ne pouvoit pas se rasûrer sur ces faits ; on a la ressource des doubles, ou doublons dans lesquels on trouve les avantages que nous avons détaillés jusqu'ici sur le choix des cocons de graine. Il y a plus ; car comme nous avons déjà observé que les deux sexes se rencontroient toujours dans les cocons de cette espéce, on est asûré d'avoir un nombre égal de papillons mâles & de femelles ; ce qui est un embarras de moins pour ceux qui soignent la ponte.

Mais il y a une difficulté à surmonter pour faire éclorre les papillons des cocons doubles : il n'y a qu'un papillon qui travaille à percer, quoiqu'il y ait de l'ouvrage pour deux ; parce que l'épaisseur du tissu & par conséquent la résistance, sont doubles ; aussi la plûpart des papillons y périssent à la peine, même après avoir percé ; soit pour n'avoir pas joui asfez-tôt du grand air, quand leurs organes étoient disposés à le recevoir ; soit pour avoir épuisé leurs forces à ce pénible travail.

L 4

J'ai essayé déux moyens pour le leur faciliter, ou pour leur en épargner la peine : on sçait que nos papillons tirent du réservoir de leur abdomen une bave, dont ils humectent la partie du cocon, où ils veulent percer ; j'ignorois d'abord quel étoit ce côté, je pris le parti de ramollir tout le cocon, en l'aspersant tous les soirs, vers le tems où les papillons doivent éclorre ; mais cette humidité qui aidoit, à la vérité, les papillons prêts à percer, nuisoit aux autres & les faisoit périr (f).

(f) Toutes les Chenilles que j'ai eu occasion de connoître, dont les Papillons font des Phalénes, ou Papillons de nuit, font ou des cocons, ou d'autres enveloppes qui y font analogues, dont ils couvrent leurs Chrysalides ; celles qui ne filent point de la bourre au tour du cocon, cachent celui-ci fous l'abri d'une pierre ; d'où l'on peut conclurre qu'une des fins, peut-être la principale, de la Nature ou de fon Auteur, dans le tissu de la bourre, ou de la bave de nos cocons, est de garantir de la pluye & de l'humidité la Chrysalide des Phalénes, plus fenfible, plus délicate fans doute, que celle des Chenilles ordinaires, qui ne prennent pas cette précaution.

J'eus recours à un second expédient ; ce fut de couper avec un cou-
teau bien affilé un des bouts du cocon, de façon cependant que le seg-
ment que je coupois, tenoit encore
par un côté, comme une soupape,
ou un couvercle par sa charniere : je
ne voulois pas enlever tout-à-fait cette piéce, de peur que le grand air
n'incommodât mes féves ; précaution
fort inutile : car dans la suite je ti-
rai des féves hors du cocon & quoiqu'elles fussent nues pendant long-
tems sur une table de mon attelier,
les papillons s'en dégagérent très-bien
& pondirent, tout comme les autres,
qui percent & qui éclosent d'elles-mêmes.

La petite ouverture, ou plutôt la
porte que j'avois pratiquée aux cocons doubles & qu'il n'étoit question
que de pousser, me réussit très-bien
lorsqu'elle se rencontra du même côté de la tête des papillons, ils sorti-
rent tous sains & saufs, les uns en
perçant la porte par le milieu lorsqu'elle ne prêtoit pas & qu'elle avoit

peine à s'ouvrir , les autres en l'écartant simplement.

Il restoit à deviner de quel côté du cocon, le papillon s'ouvroit un passage , pour ne pas couper inutilement le bout ou le côté opposé , ou tous les deux à la fois & dégrader par-là doublement le cocon qui sert encore au cardage & à la filoselle & qui en vaut mieux , lorsqu'il est moins tailladé.

J'eus bien-tôt reconnu que quoique les têtes de nos deux associés soient opposées pendant qu'ils filent & que chacune soit alors tournée vers un des bouts du cocon, elles se réunissent cependant vers le même , quand leur tâche est achevée ; & que ce bout est celui qui tourne en haut sur le rameau , ou celui qui est plus éloigné du pied ; soit que le cocon soit debout, soit qu'il soit incliné , ou posé horisontalement. On le reconnoît encore , en ce que le cocon est plus mousse, ou plus arrondi dans cette partie & ordinairement relevé de deux petites éminences,

Il n'y a qu'à marquer avec de la craie ou du charbon ce côté du co-con , avant de le détacher du rameau & le couper hardiment dans cet en-droit. Sur un grand nombre de cocons doubles que j'ai ouvert , je n'en ai trouvé qu'un feul , dont les féves jumel-les fuffent tournées en fens contraires : le papillon qui fort , perce toujours vis-à-vis de fa tête ; il écarte avec les pattes les fils du tiffu qu'il a humecté ; il heurte de la tête , il enfonce ; il y va à différentes reprifes pour repren-dre haleine & enfin avec de la pa-tience il parvient à élargir la plus petite ouverture, commencée & à fe dégager par-là du cocon (*g*).

(*g*) On obfervera que dans les cocons fim-ples , ce bout fupérieur, par où le Papillon perce, eft toujours plus épais & mieux étoffé , dans les bons cocons, que le bout inférieur ; auffi les Marchands ne manquent point de les tâter par-là, pour juger du prix ou de la qua-lité : il fembleroit cependant que les Vers à foie auroit dû faire tout le contraire , pour faciliter la fortie du Papillon , en laiffant ce bout plus mince ; & imiter même la prudence de la Chenille du Poirier , qui en tiffant de

De la naissance , de l'accouplement &
de la ponte des Papillons.

C'est vers la fin de Juin que les papillons éclosent , depuis environ le lever du Soleil , jusques à huit à

gros poils bruns son cocon informe y ménage une ouverture , par où doit sortir le Papillon Paon : mais le cocon du Ver à soie devant être plus exposé que celui de cette Chenille , qui se tapit sous une pierre , le bout supérieur devoit former un bon abri , ou une couverture solide , capable d'arrêter la pluye , qui auroit percé la bave & pénétré jusqu'à la féve.

Le bout inférieur du cocon est d'une moindre conséquence pour le Ver , il n'en pourroit même épaissir le tissu qu'avec beaucoup de peine , vû l'attitude qu'il prend & qu'il garde toujours en filant ; la moitié inférieure de son corps est accrochée au bas du cocon, de-là il porte sa tête & son fil tout autour & au-dessous de lui : mais lorsque ses anneaux viennent à se roidir, ou à se rapprocher ; il ne peut plus atteindre , en se pliant, au-dessous ou derrière sa queue : de-là, cette partie est plus mince, ou moins garnie ; elle est même quelquefois percée entièrement.

Ces cocons naturellement percés , ne sont

neuf heures du matin & leurs naiſſan-
ces durent neuf à dix jours ; elles ſont
rares au commencement & à la fin
de cet intervalle dans lequel le gros
de la troupe perce le cocon & ſort
plus à la fois ſi la ſaiſon eſt un peu
fraîche.

Le papillon en ſe tirant hors du
cocon s'embarraſſeroit dans la bourre qui enveloppe ce dernier, ſi l'on
n'avoit eu ſoin de le *débaver* d'avance ; on en fait auſſi d'abord après, de
longs chapelets, en pinçant légérement avec une éguille enfilée, la ſurface du cocon : on en enfile pluſieurs centaines à un long fil pour les
ſuſpendre en guirlande ſur une per-

pas propres au filage ; ce n'eſt pas que le brin
ſoit coupé à l'ouverture ; il eſt auſſi continu
que dans ceux qui ſont entiers ; mais venant
à ſe remplir d'eau ; il tombe au fond de la
baſſine.

S'il y avoit aſſez de ces cocons percés,
pour qu'ils valuſſent la peine d'être filés, on
en viendroit à bout, en les tenant à fleur d'eau
ſur la baſſine, au moyen d'un réſeau de fil,
qu'on auroit fixé à un ou deux pouces au-
deſſous de la ſurface de l'eau.

che ; on détache de-là facilement &
d'une feule main , les papillons qui
viennent à éclorre & par ce moyen
l'on garantit encore les cocons d'une
faliffure , ou d'un excrément liquide , que le papillon élance quelquefois lorfqu'il eft éclos & qui dépare
ces cocons à la vente.

Lorfqu'on fait des pontes au-deffus de trois ou quatre livres de cocons , les chapelets tiendroient trop
de tems à faire ; on fe contente de
placer fimplement les cocons débavés,
dans des clayons , où ils ne foient pas
plus entaffés que de quatre ou cinq
travers de doigts.

Il ne faut pas tarder de tirer de deffus les cocons de graine les papillons
éclos ; de peur que venant à s'accoupler & fe défaccoupler en peu de tems ,
quelques-uns n'y pondiffent leur graine , qui feroit perdue par la difficulté de l'en détacher. On porte tout de
fuite les papillons fur une table préparée pour les accouplemens.

Quoique cette table ne foit pas def-
tinée à autre chofe ; il arrive affez

ſouvent, que pendant la durée de l'accouplement, quelques femelles ſe dé-
barraſſent du mâle & ſe mettent tout
de ſuite à pondre : la difficulté de détacher les œufs de la table nue, ne
ſeroit pas moindre que lorſque le papillon les colle ſur les cocons ; ou
lorſqu'il les applique ſur une étoffe de
ſoie, ſur du papier, du linge, ſur la
muraille, &c. Pour tirer la graine de
ces différentes matières où elle s'attache fortement, il faut la mouiller &
l'humecter pendant quelque-tems, or
la graine mouillée eſt, comme nous
l'avons déjà remarqué, non-ſeulement
plus *dure* à la couvée, mais elle éclòt
même fort inégalement.

Il n'y a rien de mieux à faire que
de couvrir la table, comme nous le
pratiquons, de lambeaux d'étamine
uſée, ou de voile noir, la laine conſerve toujours quelque reſte d'onctuo-
ſité qui ne s'allie guere avec la colle
dont l'œuf eſt enduit : au moyen de
quoi, celui-ci ne s'y attache que foiblement. De plus, le tiſſu ſerré & la
fineſſe du fil de ces étoffes ne laiſſent

Appa-
reil de
la ponte

que de legers enfoncemens là où la
chaîne & la tréme se croisent ; l'œuf
n'y a, par conséquent, que peu de
points de contact, ou d'adhérence.
L'on voit aussi la raison du choix
d'une étamine usée ou dont le poil soit
tombé, & de même pourquoi l'on retranche avec des ciseaux les bords ef-
filés de ces lambeaux & toutes les érail-
lures ; car les œufs s'embarrassant
dans ces poils, où les attaches se mul-
tiplient, s'en sépareroient plus difficilement. Enfin la couleur noire n'y
fait autre chose que de mieux trancher
avec celle des œufs, ou de la graine & de la laisser mieux appercevoir
lorsqu'il s'agit de la détacher.

Il y a des pays où l'on fait pondre les papillons sur une aire de sable fin, unie & bien dressée ; mais
c'est sûrement un embarras pour sépa-
rer les œufs du sable ; chaque œuf en
emporte avec lui quelques grains ; ce
qui fait une augmentation de poids ;
& l'on ne sait sur quoi tabler, lorsqu'on veut connoître au juste la quantité de graine qu'on met couver.

Nous

Nous avons déjà dit que la table n'eſt deſtinée qu'à l'accouplement des papillons : ce n'eſt que par accident que quelques-uns y pondent leurs œufs; & c'eſt pour cela qu'on la couvre d'une étoffe de laine, pour mieux profiter ce peu de graine, qui eſt expoſé à être ſali, par l'excrément trouble & liquide dont nous avons parlé ; excrément que le papillon élance au loin avant, ou après l'accouplement (*a*).

Pour avoir de belle graine qui ſoit nette & de recette, on ſuſpend à une perche, ou à une corde tendue à un ou deux pieds au-deſſus de la table, de ces mêmes lambeaux d'étoffe (*b*),

(*a*) Cette derniere évacuation, ou ce qui en eſt la matière eſt fourni probablement par un reſte de cette lymphe que nous avons vue dans les corps du Vers à ſoie & qui a changé de couleur dans le papillon : l'abdomen de celui-ci acquiert par cette expulſion un degré de contraction pour preſſer l'ovaire & faciliter la ponte.

(*b*) Si le morceau d'étoffe ſuſpendu n'a pas une certaine tenſion, qui lui vienne de ſon poids ou de ſon volume ; s'il eſt trop leger & trop flottant, le papillon n'y applique ſes

III. Partie   M

ou bien , des paquets de feuilles de noyer ; les feuilles de cette eſpéce ſont plus propres que tout autres à la ponte , étant larges & fortes , quoique un peu trop liſſes ; en ſorte que les papillons s'y accrochent mal : c'eſt là-deſſus qu'on place ceux qui ſont prêts à pondre & qu'on a déſacouplés ; la table qui eſt au-deſſous eſt faite pour recevoir les graines & les papillons qui viennent à tomber & ces derniers continuent à pondre ſur l'étoffe.

Il eſt eſſentiel de placer tout cet appareil de la ponte & de l'accouple-ment, non-ſeulement hors de la por-tée des chats & des poules , qui dé-truiſent les papillons ; il faut encore mettre ceux-ci à l'abri des grandes chaleurs, qui nuiſent à la ponte & à la fécondation des graines. Les pa-pillons qui ſont dans une cave ou dans

œufs qu'avec peine : car à chaquefois qu'il pond, il preſſe de la pointe de ſon derrière le corps ſur lequel il veut appliquer l'œuf ; ſi ce corps céde trop, ſi le papillon n'y trouve pas un peu de réſiſtance , l'œuf n'eſt pas collé & tombe à terre.

quelqu'autre endroit frais , qui ne foit
pas fenfiblement humide , vivent plus
long-tems, pondent plus à l'aife , fe
vuident mieux de leurs œufs & en donnent beaucoup moins de ftériles. A
l'égard des cocons de graine il n'importe pas qu'ils foient tenus chaude-
ment; la naiffance des papillons en traî-
nera moins.

Les papillons mâles font plus hâtifs que les femelles : il en éclôt d'a-
vantage le premier & le fecond jour
de la naiffance : on a foin de mettre
en referve les furnuméraires pour le
lendemain , où il fe fait ordinairement
une compenfation & où il éclôt plus
de femelles que de mâles.

Il eft aifé de faire la différence de
l'un à l'autre fexe & cette connoiffance eft indifpenfable lors du défaccou-
plement , pour ne pas jetter la femelle au lieu du mâle dont on n'a plus af-
faire. Ce dernier ordinairement de taille plus grêle, plus legére, toujours
plus vif, plus femillant , a encore le
derrière relevé , terminé quarrément
& évafé en pavillon de trompette : on

le reconnoît aussi à ses antennes élevées, aux cils ou poils, plus longs, plus serrés dont elles sont fournies, enfin au battement des aîles & à la vivacité de ses mouvemens pour rechercher la femelle, au tour de laquelle il fait l'empressé & ne cesse de caracoler.

Celle-ci montre plus de décence, plus de gravité dans sa marche & dans ses mouvemens ; son large ventre, qu'elle traîne pesamment, annonce d'avance son sexe & sa fécondité ; ses antennes plus grêles, plus dégarnies de poils, sont couchées sur les côtés pendant l'accouplement, ses aîles lâches & chiffonnées restent immobiles & abattues.

Les aîles du mâle, quoique plus agile, ne l'aident pas même à marcher. Ils sont fort éloignés l'un ou l'autre de faire le plus petit vol, comme l'a supposé le célébre Auteur du Poëme de l'Anti-Lucrece ; qui en parlant du prétendu vol de nos papillons, décrit si énergiquement celui du papillon des champs [c].

(c) *Et fit avis per tecta volans per que aëris auras.*

Lorſqu'on voit ſur les cocons de graine une nombreuſe naiſſance de papillons, il ne faut pas attendre pour les
en tirer, que tous ceux qui doivent
naître ce jour-là, achevent d'éclorre ;
les premiers nés, ont bien-tôt trouvé
à s'accoupler ; il faut prévenir la ſéparation des deux conjoints, qui ſeroit bien-tôt ſuivie de la ponte ſur les
cocons ; & pour ne pas occaſionner cette ſéparation & expoſer les deux papillons à travailler ſur nouveaux fraix ;
on les prend l'un & l'autre avec précaution ; on les ramaſſe tous indiſtinc-
tement ſur une aſſiette, pour les porter pêle-mêle & ſans différer, ſur la
table à accoupler.

Le mâle ne s'écarte point des uſages
établis parmi preſque tous les animaux ;
il fait toutes les avances vis-à-vis de
la femelle ; mais il paroît ne la chercher
qu'à tâtons, & ſans faire quoiqu'en

Il n'y a guere que les Papillons de jour à
qui cela puiſſe convenir ; les Phalénes, même
celles des Champs, ont le vol peſant & ram-
pent le plus ſouvent comme celles du Vers
à ſoie.

plein jour aucun ufage de fes yeux (*d*) :
il feroit donc quelquefois néceffaire de
les rapprocher, de leur ménager les
rencontres lorfqu'on apperçoit leur
embarras & que leurs recherches font
trop longues : ces animaux dont la vie
n'eft que de quelques jours acquiérent
la puberté parfaite quelques quart-
d'heures après leur naiffance : les femelles qui ne font pas à portée d'en faire
ufage ne peuvent par cela même fe

(*d*) J'ai vû bien des fois nos papillons fe
comporter, comme s'ils ne voyoient pas clair;
quoiqu'ils ayent un appareil d'yeux bien plus
remarquable que dans l'état de Ver & qui
devroit, ce femble, les fervir beaucoup
mieux; il fuffira de dire que lorfque les mâles ne rencontrent pas les voies ordinaires pour
l'accouplement, ils s'accrochent indifféremment fur toutes les autres parties du corps des
papillons mâles, ou femelles, morts, ou vifs;
ce leur eft égal & ils y reftent attachés, fans
que la mort de l'un ou de l'autre puiffe les
féparer. Je fuis perfuadé qu'une longue fuite
de générations, ou d'éducations domeftiques,
a altéré infenfiblement la nature primitive de
nos Infectes & a pû contribuer à émouffer
leurs fens, hébêter leur inftinct & affoiblir
enfin leurs forces & leur tempérament.

délivrer , que d'un petit nombre d'œufs ftériles ; elles ne font après cela que languir & périffent enfin d'une mort prématurée, pour n'avoir pû remplir le vœu de la nature ; tandis que celles qu'on marie de bonne-heure font faines , vigoureufes, pondent beaucoup & parviennent à une longue vieilleffe , qu'elles pouffent jufqu'à quatre ou cinq jours.

On reconnoît les femelles qui vivent dans un célibat forcé, à un corps charnu , renflé de trois lobes , difpofés en tréfle , qui leur fort du derrière & qui paroît appartenir à l'organe extérieur de la génération. On voit fouvent de pareils papillons le dernier jour qu'ils achevent d'éclorre ; car de même qu'il y a au commencement plus de mâles que de femelles ; on trouve aucontraire, quand les naiffances tirent à leur fin, des femelles qu'on ne fçait avec qui affocier, à moins qu'on n'ait gardé des mâles qui ayent manqué de partir les jours précédens ; ou qu'on ne trouve à en emprunter chez fes voifins. Au-défaut de vierges, ou de célibataires, qu'on n'a pas toujours, on prend pour cet ufage des mâles qui ont déjà fervi ; quoique la fource de leur fécondité, que rien n'entretient & qui n'a pour toute la vie qu'une mefure déterminée, doive être par-là beaucoup affoiblie.

Durée de l'ac-couple-ment des Papil-lons.

Deux extrêmités font à éviter dans la durée de l'accouplement de nos papillons ; les plus longs, quand on n'y met point d'obftacle, ne font que d'environ vingt-quatre heures : paffé ce tems, les deux papillons fe détachent d'eux-mêmes ; & dès-lors la femelle refufe conftamment les approches des mâles, quelque empreffement qu'ils faffent paroître ; à moins qu'elle ne foit fur la fin de fa ponte. Mais l'accouplement pouffé auffi loin devient fouvent funefte aux femelles, dont la plûpart meurent fans avoir pondu. Si l'on différoit d'ailleurs trop long-tems de féparer les mâles d'avec les femelles ; il y en auroit un grand nombre de celles-ci qui s'étant de bonne-heure dès-accouplées d'elles-mêmes, pondroient leurs œufs fur la place de l'accouplement ; au lieu de celle qu'on leur a préparée, ce qu'il faut éviter pour les raiſons ci-devant rapportées.

D'un autre côté j'ai éprouvé de même que les femelles qui n'ont reſté accouplées que trois ou quatre-heures & que je forçois à ſe ſéparer, tardoient juſqu'à deux jours à pondre & ne faiſoient que peu d'œufs, dont la plûpart même étoient clairs, ou ſtériles.

Il y a un terme moyen à prendre, que j'ai vû tenir aux perſonnes les plus expérimentées & que je crois le meilleur ; c'eſt de ne ſéparer les mâles des femelles que vers les cinq-à-ſix heures du ſoir, c'eſt-à-dire, après neuf-à-dix heures d'accouplement : le plus grand nombre, juſqu'à ce tems-là, n'eſt point encore ſéparé ; la fécondation eſt ſuffiſante ; il n'y a tout au plus que les derniers œufs qui ſont ſtériles ; enfin après ce terme, on déſaccouple les papillons ſans violence, ou ſans des tiraillemens qui pourroient nuire aux organes de la femelle.

J'ai dit que le plus grand nombre ne ſe déſaccouple pas avant les cinq-àfix heures du foir ; cepedant quand la faifon eft fort chaude , il y a des femelles qui fe fentant quelque befoin de pondre , viennent à bout de fe détacher du mâle & pondent quelques œufs; mais peu-à-près , elles fe prêtent aux careffes du premier venu & s'accouplent de nouveau.

De la fécondation des graines. Quelque-tems que le mâle demeure accouplé , il n'eft pas probable que la liqueur qui féconde les œufs, fe porte fur chacun en particulier dans le labyrinthe immenfe de l'ovaire , ou de ce long boyau tortueux dont les œufs occupent tout le calibre & qui remplit lui-même toute la capacité de l'abdomen : l'ovaire eft trop plein pour donner paffage à aucune liqueur ; d'autant mieux que l'œuf y eft probablement attaché par le germe , ou le petit point noir, que j'ai vû fur un de fes côtés ; ce qui boucheroit encore mieux toute voie à la fécondation.

Il y a grande apparence qu'elle s'opére différemment & que la liqueur qui en eft le principe , eft mife en dépôt pendant l'accouplement dans un réservoir, tel que feroit celui de *Tréfle* dont nous avons parlé, d'où les œufs font à portée d'être humectés, à mefure qu'ils font pondus : chacun eft fécondé au paffage au moyen du germe, ou du point noir qui fe trouve alors débouché.

C'eft le fentiment du favant Malpighi, qui eft prefque démontré par l'obfervation fuivante. Je fis l'ouverture de deux papillons femelles ; l'une fut faite avant, l'autre après l'accouplement & quelques inftans avant la ponte ; les œufs (qui dès le tems qu'ils font dans la chryfalide, ont déjà acquis tous à la fois tout leur volume & même leur confiftance) ne changerent point de couleur ; il eft certain cependant, que ceux qui font fécondés, paffent infenfiblement, comme nous l'avons vû ailleurs, par différentes nuances, du jaune-citron, qu'ils ont d'abord, jufqu'au cendré & que les œufs ftériles confervent toujours leur premiere couleur.

La fécondation eft fuffifante au terme, à-peu-près, que nous avons affi-

gné pour la durée de l'accouplement;
la plûpart des femelles femblent l'indiquer par les efforts qu'elles font alors
pour fe débarraffer du mâle, qui ne fe
prête pas de lui-même à cette fépara-
tion ; il faut aider la femelle & les
prendre l'une & l'autre féparément par
les quatre aîles à la fois ; ils ne manquent pas de les redreffer & de les joindre enfemble lorfque la main fe pré-
fente pour les faifir. L'on jette le mâle
aux poules ; fi l'on prévoit qu'on n'en
manquera pas pour le lendemain ; &
fur-tout fi l'on en a eu de refte ce jour-
là, qu'on n'ait pas trouvé à appareiller;
& l'on applique tout de fuite la femelle
fur les lambeaux fufpendus de la ponte,
ou fur les paquets de feuille de noyer.

Si l'on place enfemble fur ces lambeaux les deux papillons accouplés &
qu'on les y laiffe fe défaccoupler (e)

(e) C'eft ce qu'on pratique dans des pontes
confidérables, où l'on deftine à la graine trois
ou quatre cent livres de cocons; il s'en faut
bien qu'on y regarde de fi près, que dans les
pontes ordinaires, qui font mieux foignées.
A mefure que les papillons des premieres éclo-

d'eux-mêmes ; outre les inconvéniens que nous avons déjà marqués, il arrive que les mâles, qui n'ont accroché que foiblement la femelle, venant à se détacher vont roder à l'aventure & détourner les femelles de la ponte, soit par le bourdonnement de leurs aîles qu'ils ne cessent de secouer en

sent, on les jette sur un grand rideau de laine usé, qu'on a étendu à terre ; lorsqu'il en est tout couvert, on s'y met à deux pour le traîner par un bout, qu'on accroche tout étendu au haut du mur de l'appartement & à une hauteur suffisante pour que le bas du rideau ne traîne à terre que d'environ un pied ; c'est là-dessus qu'on recueille les graines & les papillons qui tombent : ces derniers s'accouplent & pondent sur le rideau comme ils l'entendent : ceux qui ne sont pas à portée l'un de l'autre, ne s'accouplent pas : les autres se désaccouplent d'eux-mêmes, meurent & tombent à terre : l'on en retire beaucoup moins de graine, au *prorata* & il y en a beaucoup de stériles. Cependant il y a toujours à gagner à faire pondre ; indépendamment de la qualité de la graine, dont-on est plus sûr ; on vend quelquefois celle-ci autant qu'on auroit vendu les cocons entiers ; & l'on a encore les cocons percés, ou la filoselle quitte.

marchant ; ſoit en ſe raccouplant degré ou de force avec quelque femelle
de la troupe , qui étoit plus utilement
occupée ; & comme s'il ne ſuffiſoit pas
d'un ſeul avec une ſeule ; j'ai vû ſouvent deux mâles accouplés à la fois
à la même femelle.

Ceux qui ſoignent la ponte doivent
être avertis de ſe garantir d'une pouſ-
ſiere ſubtile, qui ſe détache des aîles
des papillons, à meſure qu'ils les ſé-
couent : cette poſſiere qui nâge dans
l'air qu'on reſpire , ne manque guere ,
au moins de faire touſſer , ce qu'il eſt
aiſé d'éviter en ſe couvrant le nez &
la bouche d'un bandeau qui ne gêne
cependant pas la reſpiration.

De la
Ponte.

Dès-que la femelle eſt libre & qu'elle
a été accouplée pendant le tems convenable , elle ſe met dans peu à pondre ; ce qu'elle fait à trois, ou quatre repriſe. A chaque œuf qu'elle pond,
elle humecte d'une matière viſqueuſe
la place où il doit être colé , en y
appuyant le derrière ; & dans le moment l'œuf eſt pondu & colé. La glu
dont il eſt enduit lui-même & qui le

rendoit luifant, féche de même l'inftant d'après.

Les papillons qui ne colent point
affez leurs œufs & qui les laiffent tomber à terre, en pondent peu ; comme
je l'ai obfervé à une femelle, que je
n'avois laiffé que trois heures accouplée.

Ceux qui pondent dans un appartement éclairé, éparpillent beaucoup
leurs graines & les placent tout au
plus, à côté l'une de l'autre, s'ils ont
fuffifamment d'efpace ; il les entaf-
fent, au contraire, dans l'obfcurité en
les refferrant tout au tour d'eux ; &
c'eft ce qu'on appelle de la graine gru-
melée, que les Marchands préférent à
celle qui eft égrenée & qu'il eft facile, comme on voit, de fe procurer à
peu de frais.

Un papillon de taille médiocre,
pond environ quatre cens cinquante
œufs : ce qui eft à-peu-près le terme
moyen, entre ceux qui pondent moins
& ceux qui font plus féconds : ils fe
hâtent de remplir cette derniere fonc-
tion de leur vie, le but de toutes celles qui ont précédé, & qui les re-

produit eux-mêmes dans les nombreu-
ſes races qui viendront de leurs œufs.
Ils ne font plus que languir après cette
grande évacuation & après l'épuiſe-
ment de leurs humeurs que rien ne
remplace & que la tranſpiration ache-
ve de diſſiper : ils ceſſent bien-tôt de
vivre ; le mâle, ſept-à-huit jours après
qu'il eſt éclos, la femelle beaucoup
plutôt ; les chaleurs de la ſaiſon plus
ou moins fortes abrégent, ou allon-
gent ce dernier période de la vie de
notre Inſecte.

Fin de la troiſième & dernière Partie.

ERRATA.

Du Troisième Mémoire.

Pag. 4 lig. 21 déjà faites , lifez déjà faits
Pag. 10 lig. 5 on s'y tient , lif. on l'y tient
Pag. 12 lig. 3 Lucarnes dans , lif. Lucarnes. Dans
Pag. 14 lig. 11 cloches , lif. clochers
P. 15 lig. 2 petites ongles, lif petits ongles
Pag. 17 l. 12 & 13 entourées : d'autres appartemens elles ,
    lig. entourées d'autres appartemens : elles
Pag. 36 lif. 11 quelquefois font , lif. quelquefois & font
Pag. 37 lig. 10 de feuilles féparées , lif de feuille féparés
Pag. 40 lig. 10 & pourtant , lif. & partant
Pag. 46 lig. 17 la meilleure , lif. la mouillure
Pag. 50 lig. 15 de la terre , lif. de terre
Pag. 56 lig. 6 de la note , le rendre pour , lif. le rendre
    ductile , pour
Pag. 54 lig. 16 ces derniers , lif. ces dernières
Pag. 70 l. 13 pour une , lif. par une
Pag. 84 lig. 17 le chaffant , lif. les chaffant
Pag. 116 lig. 18 de filer le cocon , lif. de filer , ou plutôt
    de dévider le cocon
  Ibid. à l'avant dernière lig. de la note , dehors en-deffus
    lif dehors ou deffus
P. 154 lig. 2 où l'intenfité , lif. & l'intenfité
Pag. 162 à l'avant dernière , lig petites , petits
Pag. 164 lig. 5 claquer , lif. cloquer
Pag. 165 lig. 6 à fon élafticité , lif. à caufe de fon élafticité
Pag. 190 lig. 22. reprife , lif. reprifes

9 782329 314341